甘肃省精准扶贫丛书·林果系列

# LI

# 梨

李红旭　编

甘肃科学技术出版社

**图书在版编目（CIP）数据**

梨 / 李红旭编. -- 兰州 : 甘肃科学技术出版社，
2018.5

ISBN 978-7-5424-2586-7

Ⅰ.①梨… Ⅱ.①李… Ⅲ.①梨－果树园艺 Ⅳ.
①S661.2

中国版本图书馆CIP数据核字(2018)第091612号

**梨**

李红旭　编

**责任编辑**　韩　波
**封面设计**　魏士杰

出　版　甘肃科学技术出版社
社　址　兰州市读者大道568号　730030
网　址　www.gskejipress.com
电　话　0931-8125103　（编辑部）　0931-8773237　（发行部）
京东官方旗舰店　https://mall. jd. com/index-655807.html

发　行　甘肃科学技术出版社　　　　印　刷　甘肃发展印刷公司
开　本　889mm×1194mm　1/16　　印　张　8.25　字　数　132千
版　次　2020年12月第1版　2020年12月第1次印刷
印　数　1~1000
书　号　ISBN 978-7-5424-2586-7
定　价　30.00元

# 前　　言

　　甘肃省是一个森林植被稀少、生态环境脆弱、省域经济落后、群众贫困面大的省份，面临着生态安全屏障建设和精准扶贫攻坚两大艰巨任务。林业科技在生态文明建设中如何把生态建设与扶贫攻坚有机结合，成为我们的重要课题。

　　甘肃省在中国一级行政区划中，是唯一占有三大自然区［即东部季风区（黄土高原）、西北干旱区（内蒙古高原）与青藏高原区］各一部的省份。从水域分布来看，甘肃省是中国同时包括了长江流域、黄河流域和内陆河流域在内的省份。从气候过渡性来看，甘肃省是中国同时包括北亚热带、暖温带、温带、寒温带等在内的省份。在全省 14 个市（州）从东南至西北跨度 1650km 长的空间内，同时有枣树、枸杞、苹果、李、杏、桃、葡萄等栽培分布。除甘肃省外，中国没有任何其他省区同时具有这些特点，这些特点优势，同样为深入研究这些特色果树提供了理想的场所和条件，是中国研究这些果树及其产业发展和示范推广的理想基地。

　　在甘肃南部的白龙江、白水江流域干热河谷区还是中国木本油料——油橄榄、核桃的最佳适生区，同时，也是品质最好的调味品花椒的适生区。甘肃南部文县碧口、中庙，康县阳坝，武都区洛塘所辖区域，还是中国茶叶分布最北缘且品质最好的产区之一。天水、庆阳、平凉等地是中国苹果的重要产地之一。

　　在《国务院办公厅关于进一步支持甘肃经济社会发展的若干意见》（国办发〔2010〕29 号）中指出："甘肃要突出发展特色优势农业，积极发展油橄榄、核桃、花椒等地方特色产品；陇南等特殊困难地区要加快发展以中药材、油橄榄、核桃、花椒为主的特色农业，增强自我发展能力。"发展特色产业，培育"比较优势"。林果业是甘肃传统的优势产业，也是最具市场优势和发展前景的朝阳产业之一。甘肃紧紧抓住国家扶持甘肃加快发展的良好机遇，以甘政办发〔2010〕218 号文件的形式下发了《甘肃省人民政府办公厅关于印发甘肃省 1000 万亩优质林果基地建设发展规划(2010-2012 年)的通知》，规划围绕促进农民增收六大行动，以"兴林、富民、强县"为目标，对甘肃省特色林果树种苹果、花椒、核桃、葡萄、枣、梨、杏、枸杞、桃、油橄榄、甜樱桃和银杏等的基地建设和产业发展进行了规划。

　　为贯彻习近平总书记"着力加强生态环境保护，提高生态文明水平"和"绿水青山就是金山银山"重要指示要求，中共甘肃省委、甘肃省人民政府下发了《关于打赢脱贫攻坚战的实施意见》《甘肃省"十三五"脱贫攻坚规划》总体部署，甘肃省林业厅将退耕还林、三北防护林、天然林保护、特色林果产业、自然保护等五项重点工程，尤其是做好特色林果产业，确定为生态扶贫精准扶贫的重点工作。做好特色林果产业发展，不仅可以带动贫困群众增收，更是保护生态的有效抓手。大力整合资源、集中力量、持续推进，极大地调动了农村贫困人口的脱贫积极性，有效提升了贫困群众的脱贫能力，提高了群众的生活质量，改善了人居生态环境。

　　为进一步满足特色林果产业扶贫的需要，加大特色林果产业扶贫的力度，宣传甘肃省特色林果品牌，推广先进实用生产技术，我们组织甘肃省内20多位林果生产一线专家和技术人员，按照指导实践、通俗易懂的原则，从林果产业发展实际出发，紧紧围绕甘肃省的优势林果产业和特色产品，以关键技术和先进实用技术为重点，以通俗易懂的语言、图文并茂的编排、精致的微课堂视频，编写了一套《甘肃省精准扶贫丛书·林果系列》科技明白纸12册，并邀请甘肃省林业科学研究院、农业科学研究院、农业大学和基层生产一线的林果专家进行了审定。

　　真诚希望《甘肃省精准扶贫丛书·林果系列》，能够为甘肃省精准扶贫、生态脱贫和特色林果产业的发展提供智力支持，能够为帮助广大果农提升生产水平和脱贫能力，早日实现脱贫致富发挥作用。希望广大林业科技工作者，切实增强"精准扶贫、精准脱贫"工作的自觉性和主动性，继续积极推广和普及林业科技先进实用技术，真正让特色林果产业成为甘肃省精准扶贫工程的抓手和全省生态保护的利器。

中共甘肃省林业厅党组书记、厅长：宋尚有

2018年1月

# 目 录

 目 录

# 梨极早熟品种简介

 **1. 甘梨早6**

　　甘肃省农科院林果花卉研究所1981年以四百目×早酥杂交育成。果实宽圆锥形，平均单果重238g，果皮细薄、绿黄色，果点小，中密；果肉细嫩酥脆，汁液多，石细胞少，果心极小，味甜，具清香；可溶性固形物含量12.0~13.7%。在兰州地区，花期4月中下旬，果实成熟期7月下旬，室温下可贮放15天，比早酥梨早熟25天左右。

　　结果早，丰产性强，适应性广，在我省各梨树主产区均可种栽植。幼树定植2~3年结果，大树高接2年结果，枝条长放，易成花，连续结果能力强。4年生树每亩

（667m²）产量可达1200kg，盛果期树每亩（667m²）产量2500kg以上。

 **2. 甘梨早8**

　　甘肃省农科院林果花卉研究所1981年以四百目×早酥杂交育成。果实卵圆形，平均单果重256g，大果380g以上，

果皮细薄、黄绿色，富蜡质光泽，果点稀小；果肉乳白色、肉质极细酥脆，汁液特多，石细胞少，果心小，酸甜适口，有香味，含可溶性固形物12.6%~15.4%。在兰州地区，花期4月中下旬，果实成熟期8月上旬，室温下可贮放20天左右，比早酥梨早熟15天。

树势较强，结果早，幼树定植2~3年结果，早丰产，4年生亩产1000kg。以短果枝结果为主，有腋花芽结果习性，坐果率高，丰产性强。抗寒、耐旱、适应性强，在我省各梨产区均可栽培。

 ## 3. 翠玉

浙江省农业科学院园艺研究所于1995年以西子绿×翠冠杂交育成。果实扁圆形，平均单果重225.2g，最大果重405.8g，果皮绿黄色、中薄，果面光洁具蜡质，果锈少或无，果点极小、隐疏，萼片脱落，果柄粗短，果肉白色，石细胞少，肉质酥脆，汁多味甜，可溶性固形物含量为11.4%，果心中等，品质上等。在白银地区，花期4月中旬，果实8月中旬成熟，室温下可贮放20天左右。

树势健壮，树姿半开张，树形紧凑；成枝力中等，易成花，长、中、短果枝均能结果，以短果枝结果为主，短果枝比率为80.9%，有腋花芽结果习性，腋花芽比率为46.5%，坐果率高，平均每果台坐果3.6个，采前落果轻，丰产稳产。适应性强、抗逆性强，但对土壤肥力要求较高，肥力不足时长势易转弱。适宜在我省中部沿黄灌区和陇东中、南部，天水等地发展。

# 梨早熟品种简介

 **1.中梨1号**

　　郑州果树研究所1982年以新世纪×早酥杂交育成。果实近圆形或扁圆形，平均单果重285g，果面较光滑，黄绿色，果点中大，果形正、外观美，果肉乳白色，肉质细而松脆，石细胞少，果心中小，汁液多，可溶性固形物含量12%~13.1%，风味甘甜可口，有香味，品质上。果实货架期20天，冷藏条件下可贮藏2~3个月。

　　树势健壮，生长旺盛，萌芽率高，成枝力中等，以短果枝结果为主，并有腋花芽结果，具有良好的丰产性能。在天水地区，4月中旬开花，8月上旬果实成熟。

 **2.甘梨2号**

　　甘肃省农科院林果花卉研究所1981年以四百目×早酥杂交育成。果实近圆形，平均单果重255g。果皮细薄，黄绿色。果面光洁，锈斑少或无，果点中密、明显。果肉乳白色，肉质细、酥脆，石细胞及残渣少，汁液特多，酸甜适口，具清香，果心小，可溶性固形物含量12.2%~13.5%。在景泰地区花期4月下旬，果实

8月中旬成熟，室温下可存放15天左右，较早酥提早8~10天。

甘梨2号结果早，丰产性状好，成苗定植第5年平均亩产可达2612kg。抗寒、抗病性强，在一般管理条件下，较少发生梨黑斑病、梨黑星病，叶片梨白粉病、梨木虱均较早酥发生轻。

# 梨中熟品种简介

**1. 黄冠**

石家庄果树研究所1977年以雪花梨×新世纪杂交育成。果实椭圆形，平均单果重280g，果面光洁，果点小、中密，果肉洁白，肉质细腻、松脆，石细胞及残渣少，风味酸甜适口，香味浓郁，果心小，可溶性固形物含量11.4%~13.5%，品质上等。果实货架期30天，冷藏条件下可贮藏至翌年三四月份。

在甘肃景泰，4月上旬花芽萌动，盛花期4月下旬，果实成熟期9月上中旬。抗病能力强，耐旱，抗寒性较强。树势健壮，萌芽率高，成枝力中等，以短果枝结果为主，丰产性强。适宜在我省中部沿黄灌区和陇东中、南部，天水等地发展。

**2. 玉露香**

山西果树研究所1974年以库尔勒香梨×雪花梨杂交育成。果实近圆形，平均单果重246g，果皮绿黄色，果面光洁，阳面着红晕或暗红色纵向条纹，果点小、密。果心小，果肉洁白，肉质松脆、细嫩，石细胞极少，风味甜，具清香。可溶性固形物含量为12.3%以上，品质极上等。常温下可贮藏20天以上，恒温库可贮藏至翌年3月份。

在甘肃景泰，4月上旬花芽萌动，盛花期4月下旬，果实成熟期9月上中旬。玉露香幼树生长旺盛，结果后树势转中

庸，萌芽率高，成枝力中等，有腋花芽结果习性。结果初期，以中、长果枝结果较多；大量结果后，以短果枝结果为主，约占果枝总数的70%左右。适宜在我省中部沿黄灌区和陇东中部，天水等地发展。

 ### 3. 早酥红

西北农林科技大学从早酥梨红色芽变植株中选育而成。果实卵圆或圆锥形，平均单果重250g，果面较光滑，全红，暗红色条纹明显，果点中大，明显、外观美，果肉乳白色，肉质细、酥脆，石细胞少，果心中小，汁液多，可溶性固形物含量11.1%~12%，风味酸甜适口，品质上等。果实货架期25天，冷藏条件下可贮藏至翌年3月份。

幼叶褐红色，花蕾粉红色，树势中庸，树姿直立，萌芽率高，成枝力低，以短果枝结果为主，丰产性强。在甘肃景泰，4月上旬花芽萌动，4月下旬盛花期，8月下旬果实成熟期。

该品种抗寒、耐旱，适应性强，且果实外观独特，可作为特色梨新品种在我省各主产区适度发展。

# 梨晚熟品种简介

 寒香梨

吉林果树研究所 1972 年以延边大香水×苹香梨杂交育成。果实近圆形,单果重150~180g，黄绿色，阳面具红晕，贮后鲜黄色，果点小，果皮薄，果肉白色，果肉坚硬，经后熟果肉变软，肉质细腻，汁液多，果心中小，石细胞少，味酸甜，可溶性固形物含量 16.5%，品质上等，在普通果窖内可贮藏 40~60 天。在酒泉地区，4 月上旬花芽萌动，4 月下旬开花，9 月下旬果实成熟。

树势强健，树姿较开张，萌芽率较高，成枝力强。以短果枝结果为主，丰产、稳产。适宜在河西，陇东北部及陇西南部等气温冷凉地区栽培，要求年平均温度 6℃以上，无霜期大于 140 天，≥10℃有效积温大于 2800℃。

# 梨砧木苗培育技术

我省梨产区气候冬季寒冷，土壤多为碱性土壤，土壤中盐含量高，因此要选用耐盐碱、抗寒性强，又与嫁接良种亲和性好，能促进栽培良种早结果、丰产、优质及寿命长的野生种作砧木，杜梨是我省梨栽培首选砧木。

 **1. 杜梨的主要特性**

杜梨产于华北、西北各省区，根系在土壤中较深，直根发达，实生苗生长旺盛。抗旱、抗涝、抗寒、耐盐碱，与中国梨和西洋梨品种嫁接亲和力强，生长健壮，是西北地区梨栽培砧木的首选品种。杜梨种子较小，每千克约4~5万粒。

 **2. 杜梨种子的采集**

9月下旬至10月上旬，杜梨果实充分成熟时采集种子。采收来的果实堆放在通风的地方，要求薄层堆积，经常翻动，控制温度在40℃以下。经过一周左右堆放，果实后熟软化，用木棒捣烂或用手揉搓，在水缸或大盆中淘洗干净，除去果皮、果梗等杂质，将种子摊放在通风阴凉处晾

干，切忌阳光曝晒，然后分级、精选，分别装入布袋中保存。保存期间种子含水量应在15%以下，要通风良好，控制温度0℃~5℃，干湿度50%~70%为宜。

 **3. 层积处理**

1月下旬将贮存的种子用20℃温水浸泡24小时，使其吸足水分，然后捞出清洗干净，用1份种子拌3份湿砂，砂的湿度以水握成团而不滴水，落地即散为宜，混均装入尼龙丝袋中，放入冷库或埋入50~70厘米地下。若种子量大，也可以挖50~100厘米深，长、宽视种子量而定的层积坑，直接将混沙的种子埋入地下，中间预先插入二束秸秆以利通气。

杜梨层积时间一般为50~60天，期间要注意定期检查温度、湿度和通气是否合乎要求，并注意防鼠危害。层积开始时间要根据各地春季播种期而定，应在播前50~70天进行。当种子有50%~70%先端露出白尖时即可播种。

### 4.整地施肥

应选交通条件好、土壤肥沃、灌排水方便的地块作育苗圃地，不可重茬育苗。先年结合秋耕每亩施腐熟的农家肥4000~5000千克，入冬地冻前饱灌冬水，翌春土壤解冻后及时耙耱保墒。

### 5.播种

3月下旬至4月上旬，层积的杜梨种子有50%~70%先端露出白尖时开始播种。采用宽窄行带状条播，窄行20~25厘米，宽行40~45厘米。开沟深度5~7厘米，然后沿沟均匀撒种，播后覆土2厘米左右，再用耙趟平，使种子和土壤密接，再顺沟散一层细砂，沟上覆盖塑料薄膜保墒。

### 6.播后管理

幼苗出土后在塑料膜上，每隔30厘米左右开一小洞通风，待3~4片叶时阴天或傍晚去掉地膜，进行露地育苗，并结合灌水间除过密苗、衰弱苗等及时拔除杂草，结合灌水追肥2次~3次，每次亩施尿素7~10千克，及时松土保墒，并注意防治病虫害。

# 梨树嫁接苗培育技术

 **1.砧木培育**

　　3月下旬，土壤解冻后将培育的1年生杜梨苗起苗，按照苗木粗度进行分级。将粗度在0.5厘米以上的杜梨苗，按照窄行20~25厘米，宽行40~45厘米，株距8厘米标准移栽到育苗地，移栽后及时灌透水。生长季及时拔除杂草，5月中旬以后，结合灌水追肥2次~3次，每次亩施尿素7~10千克，及时松土保墒，并注意防治病虫害。芽接前1周应浇水，并中耕，以利砧木离皮。

 **2.接穗的采集和贮存**

　　接穗应选择品种优良、树势健壮、无病虫害、结果早、品质好的母本树，剪取树冠外围生长健壮、芽饱满的一年生发育枝。若采用秋季芽接，接穗剪下后，要立即将叶片剪掉，仅留1厘米左右的叶柄。每50枝~100枝捆成一把，系上标签，注明品种、时间和采集地点，将枝条下端浸没在水缸中备用。春季嫁接一般采用枝接法，可结合冬季修剪，选生长健壮、芽眼饱满的一年生发育枝，分别品种，扎捆在一起，系上标签，注明品种、地点等，放入冷库湿砂分层埋严贮藏。

移栽一年生杜梨苗

育苗圃杜梨苗夏季生长情况

**3.嫁接**

接穗贮藏

　　苗木的嫁接根据嫁接时间分为秋季嫁接和春季嫁接。秋季一般采用芽接法，主要有"丁"字形芽接法、嵌芽接法（也叫带木质芽接法），春季嫁接一般采用枝接法，主要有单芽腹接法和劈接法。生产者可根据砧木生长及接穗情况选择使用。

 **4.嫁接苗木管理**

　　（1）解除绑缚物。芽接后加~15天进行检查，成活的接芽基部叶柄一触即落。应及时解除绑缚物。对未成活的可及时进行补接。

　　（2）剪砧、除萌蘖。秋季嫁接苗木，嫁接后第二年春季应对芽接苗剪砧。一般

从接芽上0.5厘米处剪截，剪口要平滑，并与接芽成反方向斜剪，以利愈合。从砧木上长出的萌蘖要及时除去，保证接芽正常生长。

　　（3）追肥、灌水、除草。在嫁接苗旺盛生长期，要追肥灌水2~3次，每次每亩

追肥施硝酸铵10~12千克或尿素7.5千克，后期可喷施0.3%磷酸二氢钾，追肥后灌水，并及时中耕除草。

# 梨树育苗嫁接技术

梨树嫁接育苗得按照嫁接时间分为春季嫁接和秋季嫁接，春季嫁接一般采用枝接法，如单芽腹接，秋季嫁接一般采用芽接法，如"丁"字形芽接、嵌芽接。

## 1. "丁"字形芽接

"丁"字形芽接是嫁接育苗的常用方法，一般在7~8月份新稍停长前进行。具体方法是在接芽上方0.5厘米处横切一刀，深达木质部，然后从芽的下方一厘米处用右手拇指压住刀背，由浅入深向上推，深达木质部1/3为止。当芽接刀将近横刀口时，要缓慢上推达横口，左手拇指和食指即捏下盾形芽片。在砧木离地面20厘米处，选择光滑的一面割约1.5厘米长横口，在横口中间下边用芽接刀尖割约1厘米长的直口，呈丁字形，然后左右轻拨起两边皮层，随即将盾形芽片从尖端插入，使接芽上切口与砧木横切口对齐密接，按平芽片，迅速用塑料条绑紧扎牢，露出叶柄。

## 2. 嵌芽接（俗称带木质部芽接）

春、秋季都可进行。在梨接穗芽离皮困难或芽基较大时，用带木质芽接方法，可提高其嫁接成活率。具体操作如下：先从1年生枝接穗芽上方约1厘米处向下斜切，再在芽下1~1.2厘米处斜切成带木质部的舌状芽片；然后用手将砧木压斜，选光滑部位，从上向下斜削相当接芽长度（约2厘米许），再于下端1/4处斜切一刀，取下砧木的舌状片，迅速将接穗的舌状芽片插入砧木的切口中，使两者形成层吻合，用塑料条绑紧扎牢。一般要求芽接片略小于砧木舌状切口，这样愈合较好。

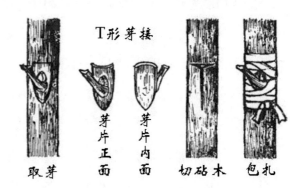

**图2　嵌芽接**
1.削接芽 2.削成切口 3.插入带木质接芽 4.绑缚

## 3. 单芽腹接

单芽腹接为枝接方法，是春季梨树育苗嫁接的主要方法，一般在3月下旬进行。

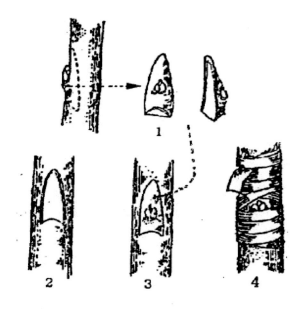

用修枝剪在接穗芽下两侧各剪一个长约2cm左右的削面，削好的接穗应一边厚一边薄，芽位于较厚的一面，从芽上0.5厘米处剪断接穗，砧木剪留25cm左右，截面倾斜，从较高的一边倾斜向下，剪长约2cm的接口，将削好的接穗插入，使较厚的一面形成层与砧木形成层对齐，用厚度为0.006毫米的塑料膜包严，并使接芽处塑料为单层、拉紧。嫁接后15天左右，接芽会自己顶破塑料薄膜生长。

用修枝剪剪削面

芽上0.5厘米处剪断接穗

砧木剪接口

放入接穗

地膜包扎

接芽成活

# 梨高效建园技术

 **1.苗木选择**

选用品种纯正、充实健壮的苗木，是进行高效建园的前提。在北方建园，苗木应以杜梨作砧木，并采用高位（30cm以上）芽接，这样可有效提高品种抗寒、抗旱及抗盐碱能力，防止灌区梨黑胫病的发生。壮苗不仅要看苗高和苗粗，还应注意根系多而大，苗木鲜活且无病虫害和损伤。

 **2.定植时期**

栽植时期分秋季栽植和春季栽植两种。冬季温暖，气候湿润的地区适合秋栽，从苗木落叶后进入休眠至土壤结冻前均可栽植，秋栽有利于根系伤口愈合并能长出新根，春发芽后能及时吸收土壤中水分和养分，缓苗期短；冬季气候寒冷、干旱和多风的地区，适宜春栽，以防苗木冬季冻害和抽条伤亡，春栽一般在土壤化冻后至发芽前进行，但栽得愈早越好。

 **3.栽植密度**

幼树密植可以在一定时间内提高产量，但栽培密度受地势、土壤性质、品种等因素的限制，应因地制宜，合理密植。一般生长势强旺的品种株、行距可定为3米×5米或3米×4米，生长势中等或偏弱的品种株、行距可定为2米×4米或1.5米×4米。多采用南北行向栽植，以利光照。

 **4.挖坑施肥**

在栽植前一年土壤结冻前，按规划的道路、小区和株行距，测定好栽植点，然后以栽植点为中心挖直径1米，深0.8米的定植坑，要求上下垂直，大小一致，将表土与心土分开堆放，回填时每坑施入有机肥25~50千克加过磷酸钙3~5千克，与

挖定植坑

土拌匀，将表土填入底层，心土填入表层，回填至地表20厘米，灌水沉实定植穴。

施有机肥

栽树时，将苗放入定植穴中，使根系展开，横竖行对齐，边填土边摇动苗木，使根系与土壤充分密接，随填土随踏实。填土后，将苗木微微上提，使根系舒展，并埋成30厘米高的土堆稳住苗木，在穴的周围作成土埂，如图所示。

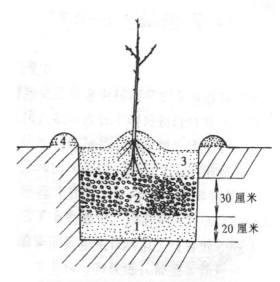

梨苗木定植方法
1.表土 2.表土+农家肥+化肥 3.表土或心土 4.心土

 **5.定植方法**

栽植前，修剪苗木根系，使伤口平滑，以利愈合。为了提高成活率，栽前先将苗木根系在清水浸泡24小时，再用ABT3号生根粉水浸泡3~4分钟。定植时，深度以苗木的砧木根颈与地面相平为宜，若土质黏重可略浅，风蚀严重地区则可略深，不可埋没接芽或接口，否则不仅回缓苗慢，且易感染梨树黑胫病。

 **6.栽后管理**

定植后立即浇水，水量要足，待能进地后把倾斜的苗木扶正并填弥裂缝。然后，紧跟着浇第二遍水，苗木扶正后，要及时用1米见方的地膜覆盖，以利保墒，提高地温，促进根系生长。

定植后，在干高80~90厘米处定干，剪口用涂保护剂，防苗木失水。定干要求剪口下必需有3~5个饱满芽，以利于抽梢发枝，并注意及时抹掉砧木部位的萌蘖。

待枝叶生长接近停止时，可喷布300倍尿素1~2次，以增加二次生长。7月中、下旬停止喷肥，9月上、中旬再喷布尿素1~2次，增加树体营养积累。

梨标准化建设园

# 梨省力密植栽培砧木建园技术

砧木建园是北方地区常采用的一种建园方式，砧木建园具有能够保证苗木高位嫁接、品种纯正、幼树生长一致、园貌整齐等优点。梨省力密植栽培模式一般采用砧木建园方式。

 **1.定植行施肥改土**

定植前一年10月份，按照计划的行距将有机肥（羊粪）均匀铺撒成行，每亩

深松改土

施用量为8方。用果园深松机将有机肥及定植行土壤深松拌匀，宽度60厘米，深度70~80厘米，后灌足冬水，使定植沟沉实，有机肥能够在定植苗木前充分腐熟。

 **2.砧木定植**

3月下旬准备砧木苗，要求杜梨粗度0.8厘米~1.0厘米，有3条以上侧根，剪除砧木全部侧分枝，主干留60厘米，用喜嘉旺保护剪口，每50株1捆，冷库或果窖中湿沙贮藏备用。4月初定植杜梨砧木，栽植前将杜梨苗根系浸入水中吸足水分，定植时苗木缠塑料膜，根部蘸泥浆，边处理边栽植，防止苗木根系风干影响成活，

苗木定植前吸足水分

蘸泥浆

挖定植沟

定植后及时灌水

行内覆黑地膜保墒

砧木定植当年长势

栽后及时灌水，并注意扶正苗木。定植后5~7天覆黑地膜，15天后解除缠苗木的地膜。

###  3.品种嫁接

定植后第二年春季，3月下旬采用单芽腹接的方法嫁接品种，嫁接后树行及时覆盖宽度为70厘米的黑地膜，当嫁接芽生长长度达到20厘米时，用细竹竿绑缚苗木，以防风吹折苗木，并及时拔除树行内杂草。

砧木定植后第二年春季嫁接

苗木绑缚

**4. 灌水施肥**

分别在6月份、7月份结合灌水追施尿素7~10千克/亩，如果采用滴灌灌溉方式，可随滴水滴滴灌肥（冲施肥）5~7千克/亩，8月份后适当控制肥水，有利于苗木生长充实。一般嫁接当年，苗木生长高度可达到2米左右，粗度可达到1.2厘米以上。

嫁接当年苗木生长情况

# 梨适宜授粉树的选择及配置技术

梨大多数品种自花不结实或结实率不高，需要异花授粉才能获得产量。人工授粉效果虽好，但太费工，最好的办法是建园时配置适合的授粉品种，才能保证良好的授粉受精，提高坐果率，确保生产的正常进行。

 **1.优良授粉树选择要求**

（1）授粉品种能够适应当地的环境条件。（2）与主栽品种同时进入结果期，果实的经济价值较高。（3）与主栽品种的物候期一致，花期相同。（4）授粉亲和力强，花粉量大。

 **2.授粉树与主栽品种配置比例**

授粉树和主栽品种的比例，一般是1：

**授粉品种的配置**

注：图中符号○代表主栽品种☆代表授粉品种

4~5，为了便于管理，授粉树一般采用成行栽植，即4行或5行主栽品种配置1行授粉品种。

 **3.梨优良品种适宜授粉树**

目前生产上推广的新优品种的适宜授粉树如下表，供栽培者参考。

**梨优良品种及其授粉品种**

| 主栽品种 | 授粉品种 |
|---|---|
| 甘梨早6 | 早酥、七月酥、黄冠、丰水 |
| 七月酥 | 早酥、黄冠、幸水 |
| 翠冠 | 黄花梨、中梨1号、雪青 |
| 中梨1号 | 早酥、黄冠、七月酥 |
| 雪青 | 丰水、早酥、黄冠、翠冠 |
| 黄冠 | 甘梨早6、甘梨早8、中梨一号、七月酥 |
| 丰水 | 甘梨早6、黄冠、早酥 |
| 早酥 | 苹果梨、锦丰梨、砀山酥 |
| 苹果梨 | 早酥、苹果梨 |
| 南果梨 | 苹果梨、红金秋、早酥 |

# 梨树自由纺锤形树形结构及培养技术

自由纺锤形具有结构简单、成形容易、早果丰产、通风透光、管理更新方便等诸多优越性。适于(1.5~3)米×(4~5)米的株、行距采用。

 **1. 自由纺锤形树体结构特点**

干高60~80厘米，主枝10~12个向四周交错延伸，主枝间距20厘米左右，主枝开角70°~90°，同方向主枝间距要求大于50厘米，主枝长100~200厘米，下层主枝大于上层，在主枝上直接培养中、小型枝组结果，结果枝组的粗度不超过主枝粗度的1/3，树高250~350厘米。

 **2. 自由纺锤形整形技术**

第一年：定植当年定干高度80~85厘米，萌芽后抹除苗木40厘米以下萌芽，秋季对整形带内（离地面高度60~80厘米）的枝条长度超过80厘米的拉枝，拉枝角度80°，不足80厘米的缓放；冬季修剪时中央领导干剪留60厘米，在中心干上选留3~4个方位较好的枝作为主枝，主枝头不短截。

第二年：春季萌芽期对中央领导干需要补枝的地方刻2~3个芽，保证中干上每20厘米左右能培养一个主枝；冬季修剪时中央领导干剪留60厘米，2年生主枝头轻短截，当年培养的主枝不短截。

第三年：以后每年重复以上操作，疏除个别重叠枝、竞争枝，当主枝已经选够时落头开心。修剪以缓放、拉枝、回缩为主，很少用短截。这样通过4~5年培养，即可完成自由纺锤形整形。

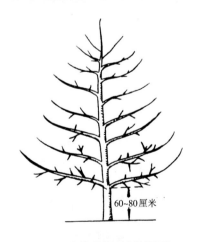

**自由纺锤形树形结构**

定植第3年春季

自由纺锤形盛果期树

梨

# 梨树圆柱形树形结构及培养技术

圆柱形具有结构简单、早果丰产、通风透光、树冠小，便于机械作业等优点，适合梨树集约化、规模化生产。适于(0.7~1.2)米×(3.5~4)米的株、行距采用。

## 1.圆柱形树体结构特点

干高60厘米，树高3~3.5米，冠径1.5~2米，呈圆筒形，在中心干上直接着生结果枝组，不留主枝，不分层。中心干上选留22~26个结果枝组，均匀地分布在各个方向，结果枝组不固定，随时可以疏除较粗（通常超过所在处中心干粗度的1/4或直径超过2.5厘米）的结果枝组。

## 2.圆柱形整形技术

第一年：砧木建园嫁接的坐地苗，高度1.8米以上，粗度1.5厘米以上。叶芽萌动期刻芽，刻芽时不定干，苗木60厘米以下芽全部抹掉，60厘米以上的芽子全部进行刻芽处理（顶部30厘米芽不刻），刻芽时在叶芽上方0.5厘米处横刻一刀，深达木质部，长度达到干周3/4，早酥梨适当刻重些，有利促发分枝。叶丛枝较多时，需在刻芽前7~10天，用发枝素涂叶丛枝顶芽。新梢达到20厘米时用牙签开角，秋季将树上的超长枝拉成90度。

砧木建园的嫁接苗

刻芽

刻芽后发枝情况

23

牙签开角　　　　　　　　　　牙签开角效果　　　　　　　刻芽第二年开花状

第二年：对中心干继续刻芽到3米左右，枝梢管理方法同第一年。冬剪时选留中心干，疏除个别过粗、过密的枝组，使枝组分布均匀。

第三年：过长转弱枝组的花前复剪时适当回缩，冬剪时按照去大枝，留小枝的修剪方法，一般选留枝组的粗度应是着生部位中心干粗度的1/3以下。修剪时，注意保持中心干的优势，去除竞争枝。对结果枝组要根据空间、长势和结果情况及时回缩更新。

第四年：从第四年开始，每年冬剪时在主干3~3.5米高处选直立中庸分枝换头，其他修剪管理同第三年。同时要采用以果压冠的方式控制好树势。

# 梨树大树高接换优技术

利用近年来育成的新优品种，对原有品种老化、种植效益低的果园进行多头高接换种，是实现品种更新换代的有效途径，同时也是获得经济效益最快、最好的一种建园方法。

 **1.多头高接换种的原则**

长势强旺，肥水条件好的梨树多接头；生长势弱、肥水条件差的梨树、小树少接头。即因树选形，合理控制嫁接头数。一般5年生的幼树嫁接15~20头，10年生的梨树换接20~30头，15年生的梨树换接40~50个头；20年生的梨树换接60~80个头。

 **2.品种选择**

适合我省发展的优良早熟品种有：甘梨早6、甘梨早8、翠冠、早酥；中熟品种有：雪青、黄冠、早酥红、玉露香；晚熟品种有：南红梨、寒香梨等，各地可根据需要选择适合当地发展的新优品种。

 **3.接穗的采集与贮备**

在进行冬剪时，对需要利用接穗的梨树可推迟到花芽萌动前修剪，以避免接穗存放时间过长，失鲜而影响嫁接成活率。采集或引进的接穗在嫁接前须沙藏在室内或背阴处，有条件的最好存放于冷库，库温保持在1℃~3℃，砂子不可太湿，以防损伤接穗芽体，湿度以手握成团，落地即散为宜。

 **4.嫁接时期**

从3月下旬（萌芽期）树液开始流动后至5月中旬均可进行嫁接，但嫁接过早，易受晚霜冻害，嫁接过晚虽然成活率高，但新梢生长较弱。

 **5.树体骨架的选留**

树体骨架的选留是多头高接换种的关键，选留时应根据果园栽培密度和原有树形基础，确定适宜的整形方式，最大限度地利用原有骨干，做到主从分明，层次清楚,增强树体通风透光，为保证锯口在短期

树体骨架的选留

内愈合，避免树体过度削弱，除主干外要求回缩剪截处直径应小于2厘米。锯中干时应在最上一个主枝基部向上留4~5厘米处锯掉，锯口稍斜，以免兜水，用刀削锯口使截面平滑，并涂抹剪锯口保护剂防止

失水，以利伤口愈合。

**6. 嫁接方法**

嫁接时应根据嫁接枝的粗细，采用芽接、劈接、皮下接等不同方式，具体方法是：对于粗度0.8厘米以下的枝用带木质芽接，枝条粗度在0.8~1.2厘米的进行劈接，粗度在1.2厘米以上的枝采用皮下接。劈接和皮下接的接穗均留单芽，以便接穗成活后管理和尽快恢复树形。20年以上的大树，还需采用切腹接和腹接(打洞)两种方法。

**7. 嫁接后管理**

（1）北方春季气候干燥多风，因此嫁接后要及时检查，对嫁接口包扎不严的要及时用保护剂封口，所有接穗顶端都用保护剂涂抹，以防接穗失水。

（2）除萌蘖大树进行改接后，在原树骨干枝上会产生大量萌蘖，应及时抹除，保证养份供给接芽正常生长。

（3）解绑、引缚当接穗新梢长至35~40厘米时，及时将塑料条解除，以免勒伤接穗。解绑后应沿枝条生长方向绑一支柱，开角60°引绑枝条。

（4）冬季管理以长放或轻截为主，主枝延长头和中央领导干在方位对、芽饱满的部分进行轻截，促其抽生壮枝，扩大树冠，其余枝条一律甩放。

 **8.肥水管理**

（1）在换接前、后的一周内各灌透水一次。

（2）在芽萌动前结合灌水进行追肥，每株树施入尿素0.5千克，在生长高峰再追施一次。

（3）深翻梨园，重施基肥，秋季应深翻梨地，扩穴除草，施肥采用环状沟施，每株施农家肥（厩肥）50~100千克，过磷酸钙1~1.5千克，硼砂0.1千克。

# 梨树人工授粉技术

## 1.人工点花授粉

在授粉树少或授粉树当年开花少，尤其是在开花期遇到连日阴雨和梨花遭受冻害、有效花大大减少的情况下，实行人工点花授粉非常必要。点花授粉的方法、步骤如下：

（1）采集花粉。在授粉树开花前1~2天至初花期，分次将已经充分膨大的花蕾和初开的花朵摘下，带回室内剥取花药，阴干散出黄色花粉后，分装小瓶备用。

（2）田间授粉方法。在盛花初期，用毛笔、棉签、软橡皮等工具，沾取少量花粉，在花的柱头轻轻一点即可。每沾一次花粉可点花5~7朵，争取在3~4天内完成授粉工作。

（3）点授数量。一般开花枝占30%~40%的树，每序点授1~2朵花，即可满足丰产需要；开花少的树，每序可点2~3朵花；开花量过多的树(50%~60%)，可选序点授，每序点授1~2朵花，不能每序都点，以免坐果过量。点授时应选第3~4序位花进行。

人工点授花粉

## 2.鸡毛掸授粉法

在竹竿上绑长鸡毛掸，于盛花期在授粉品种与主栽品种之间交替滚动，上下内外滚授，最好在盛花期掸授2次，提高梨树坐果率。此法简单易行，授粉快，适于品种搭配合理的梨园。

鸡毛掸授粉法1

鸡毛掸授粉法2

 **3.液体授粉**

液体授粉具有用工量少，效率高，可在短时间内完成大面积授粉。采用授粉液

梨树液体授粉

配方为：15%蔗糖＋0.03%硝酸钙＋0.01%硼酸＋0.04%黄原胶，按照8g花粉＋7.5kg授粉液/亩在梨树盛花期上午进行喷雾。

# 梨树壁蜂授粉技术

利用壁蜂进行果树授粉，不仅能有效提高坐果率，使果型端正，增加单果重和果实抗病能力，提高果品产量和质量，而且投资小，方法简便，省工省力，受益时间长，可广泛应用于优质梨、苹果、桃、樱桃等果品生产中。

 **1. 蜂种的引进与贮藏**

于12月至翌年1月引进蜂种，或从巢管中取出蜂茧，清除天敌和杂茧，将蜂茧500头一组放入干燥洁净的广口玻璃瓶中，用纱布封口，置于冰箱冷藏室中（0℃~4℃）保存，为避免瓶内进水，可倒置。

壁蜂蜂茧

 **2. 巢管的准备**

可用芦苇管，管长15~17厘米，内径

制成的壁蜂巢管

芦苇巢管（左）和塑料巢管（右）

6~7毫米，一端留节，另一端开口，口要平滑，并将管口用广告色染成绿、红、黄、白4种颜色，比例为30∶10∶7∶3。风干后把有节一端对齐，50支一捆，用绳扎紧备用。也可购买壁蜂塑料巢管，装入配套蜂巢内。

巢管后部泥封

## 3.巢箱的准备

巢箱主要有固定式和移动式两种。固定式用砖石等原料砌成，移动式主要有木箱、纸箱等。巢箱的长×宽×高为30厘米×(25~30)厘米×25厘米。一面开口，其余各面用塑料薄膜等防雨材料包好，以免雨水渗入。每个巢箱装巢管数量应为放蜂量的3倍~5倍。巢管上放蜂茧盒（干净的小纸盒即可），上面留出2~3厘米的空间，

壁蜂蜂巢

盒内放蜂茧，纸盒一侧扎3个直径为6.5厘米的小孔，以便于出蜂。

## 4.巢箱的设置

巢箱要设置在果园背风向阳、果树株间较开阔的地方，巢箱口朝南或东南，箱底距地面50厘米左右。依据壁蜂授粉的有效距离，一般间隔30米左右设一箱。在巢箱前面1米远处挖一小虼坑底铺塑料薄膜，坑内放土，用水和成稀泥，供壁蜂产蜜、产卵、筑巢时使用。放蜂期间不要移动巢箱和改变箱口方向，否则影响壁蜂回巢。

## 5.放蜂

在花开前2~3天（5%进入铃铛花期）傍晚投放蜂茧，次日即可开始出蜂。根据气温回升情况，也可采用分批放临蜂。放

放置巢管及蜂茧

建蜂巢的位置

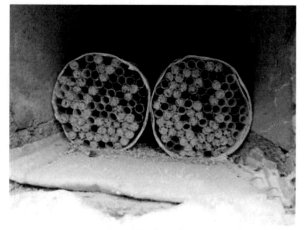

壁蜂的收集

蜂时间宁早勿晚。放蜂期间，每天早晨应检查茧盒，掌握出蜂情况。对未按时出蜂的茧可人工剥茧，强制出蜂。如气候干燥每日上午可把蜂茧在清水中浸约20秒。放蜂数量必须根据梨园实际情况而定，一般盛果期果园每亩放蜂200~250头，盛果初期果园每亩放蜂100~150头。

 **6.回收和保存**

　　花后一周左右把蜂管收回，平放装在纸箱内，挂在通风良好的屋内保存好，等到来年使用。

 **7.注意事项**

　　（1）梨树开花前应准备辅助性开花植物，如在巢箱旁适当播种冬油菜，使脱茧较早的壁蜂能及时得到花粉花蜜供应，不致因飞出后四处觅食造成丢失。

　　（2）蜂巢要防雨，可在巢箱加设防雨棚顶。壁蜂在田间的主要天敌是蚂蚁，要防蚂蚁危害壁蜂卵及巢内花粉。

　　（3）壁蜂对多种杀虫剂敏感，果园使用农药要注意错开放蜂期。如果在梨树萌动至开花前这一时期需要使用杀虫剂，应适当提早打药至放蜂前半个月。花后传粉结束，尽量推迟使用杀虫剂时间，以利壁蜂繁殖。

# 梨树疏花疏果技术

在授粉良好的情况下，多数梨品种坐果率较高，容易实现丰产。但坐果过多，果实品质下降，劣质果多，优质果少，果实商品性降低，同时由于树体营养消耗过度，还会造成花芽分化不良，叶片早落。因此，在花量大、坐果过多、树体负载过重时，应加强疏花疏果。

 **1. 留果标准的确定**

在保证产量和质量的前提下，一株梨树能负载多少果实，应根据历年产量、树势、枝叶数量、树冠大小等情况综合考虑。确定梨树适宜的留果量有以下几种方法。

（1）叶果比法一般每个果实需配25~30个叶片，但因品种、栽培条件不同，适宜的叶果比有差异。盛果期的梨树，中、大果型品种30~35个叶片留1个果，小果型品种25个叶片留1果。叶果比法虽科学，但生产上应用起来还有一定困难。

（2）截面积法对于成龄梨树，主干横截面积大小可以反映梨树树体对果实的负载能力，测量主干距地面20厘米的周长，

利用公式干截面积（平方厘米）=0.08×干周（厘米），计算出干截面积，再按大果型每个平方厘米留1.5~2个果，小果型每个平方厘米留3.5~4个果的标准确定留果量，然后在留果量的基础上乘以保险系数1.1，即为实际留果量。

（3）果实间距法中型和大型果每序均留单果，果实间距为20~30厘米，小型果15~20厘米留果。高标准梨生产果间距可适当放宽。

（4）看树定产法依据本园历年的产量、当年树势及肥水条件等估计当年合适的产量（如一般成年梨园亩产2000~2500千克），然后根据品种的单果重和预计产量，算出单株平均留果数，再加上10%的保险系数，即可估计出实际留果量。

 **2. 疏花疏果技术**

疏花疏果包括疏花序、疏花和疏果。从节省养分的角度看晚疏不如早疏，疏果不如疏花，疏花不如疏蕾。但实际应用中，要根据当年的花量、树势、天气及授

粉坐果等具体情况确定采用适宜的疏花疏果技术。如花期条件好、树势强、花量大、坐果可靠的情况下，可以疏蕾和疏花，最后定果，反之，则宜在坐果稳定后尽早疏果。

（1）疏花蕾冬季修剪偏轻导致花量过多时，蕾期进行疏蕾、既可以起到疏花作用，又不至于损失叶面积。疏花蕾或花序标准一般按20厘米的果间距左右保留一个其余全部疏除。疏蕾时应去弱留强，去小留大，去下留上，去密留稀。疏蕾的最佳时间在花蕾分离前，此时花柄短而脆，容易将其弹落。方法是用手指轻轻弹压花

蕾即可，工效较高。疏花蕾后果台长出的果台副梢当年形成花芽，可以以花换花。

（2）疏果梨每个花序共有5~7朵花，疏果时选留第2~4序位的果为宜，因为第1序位果成熟早、糖度高，但果小，果形扁；第5~7序位的果晚熟、糖度低。疏果要用疏果剪，以免损伤果台副梢。疏果时疏除小果、畸形果、病虫果、密挤果。树冠内膛，下部光照差，应少留；树冠外围和上部生长势强，光照良好应多留。疏果顺序为先疏树冠上部、内膛部位，后疏树冠外围、下部。

疏果前

疏果后

留果量适中

# 梨果实套袋技术

梨果实套袋，不仅能够减轻果实病虫危害，降低农药使用量，同时能生产出果面光洁美观，无公害的优质果品，提高经济效益。

## 1.果袋选择

果袋质量决定套袋效果，要选用专业厂家生产的透气性好，能经受日晒和雨水冲浸、易折叠而不破裂，并经药剂处理、规格标准的梨果专用袋，如日本小林袋、青岛爱农袋、台果袋、河北信泉袋等。

目前梨果实袋按照色调、透光率及配方可分为LA、LB两种类型。使用LA型，果实采收解袋后，果面呈浅绿色，贮藏后则变为鲜黄色，适用于果点较浅、果皮易变褐、采后易变色的品种。特别是采后入库贮藏的鲜梨，应选用此类果实袋。如在采后销售，对于白梨系统的多数品种则适用于此型袋。使用LB型，果实采后果面呈浅黄色，适于果点较大而深、果皮不易变褐、着色品种。砂梨、褐皮梨品种应用LB型，可使果色变为黄褐或红褐色。

## 2.套袋方法

（1）套袋时期。套袋在落花后15~35天进行，在疏果后越早越好。果点形成于落花后15天即开始，如套袋过晚，果点已经形成，则套袋防锈以及使果点浅小的效果就会变差。

（2）套袋前的管理。在认真做好疏花

不同果袋种类

黄冠梨采用不同果袋套袋效果

早酥梨套袋效果

梨套袋采园

疏果的基础上，为防止套袋后病虫侵入果实，套袋前5~7天应喷布杀虫防病药剂。通常用70%甲基托布津800倍液加10%氯氢菊脂2500倍液或加5%阿维菌素4000倍液。如喷药10天之后，仍未完成套袋工作，对未套袋树应再补喷药。

（3）套袋方法。套袋前，将整捆果实袋放于潮湿处，用单层报纸包住，在湿土中埋放，或于袋口喷水少许，使之反潮、柔韧，以便于使用。梨果选定后，先撑开袋口，托起袋底，使两底角的通气放水口张开，令袋体膨起。手执袋口下2~3厘米处，套上果实后，从中间向两侧依次按"折扇"的方式折叠袋口，在袋口上方从连接点处将捆扎丝反转90°，沿袋口旋转一周扎紧袋口。注意：切不可将捆扎丝拉下，捆扎位置宜在袋口上沿下方2.5厘米处。果袋与幼果的相对位置，应使袋口尽量靠上，果实在袋内悬空，使袋口接近果台位置，以防止袋体磨擦果面。

# 梨园春季晚霜冻害预防技术

西北地区春季温度变化剧烈，梨树花期及幼果期常常遭遇晚霜危害，造成减产或绝收，对梨果生产影响极大。因此，采取积极有效的防御措施是非常必要的。

## 1. 霜冻的类型

霜冻按其成因可分为平流霜冻、辐射霜冻和平流辐射霜冻（混合霜冻）三类；按其所发生时间可分为早霜冻和晚霜冻两种。

## 2. 梨树的临界温度

梨树花器从早春萌动到开花阶段，其抗霜冻能力逐渐减弱，开花物候期的霜冻临界温度大体为：花芽膨大—露白期-9.1℃；花芽开绽—现蕾期-5.3℃；花序散开—花瓣露出期-3.7℃~-3.4℃；初花期-2.5℃。

冻害的程度，还取决于低温强度、持续时间和气温回升的快慢等气象因素，温度下降速度快、低温持续时间越长，冻害则越重。此外，梨的腋花芽较顶花芽、幼果期较盛花期抗冻能力强。霜冻危害程度还与品种、树势、地形及防护等有关。

## 3. 熏烟法预防霜冻

在最低温度高于-1℃和无风的情况下，可在果园内熏烟。熏烟能减少土壤热量的辐射散发，同时烟粒吸收湿气，使水汽凝成液体而放出热量，提高气温。根据当地气象预报，有霜冻危险的夜晚温度降至3℃时即可点火发烟。

盛花期霜冻

幼果期霜冻造成幼果皱缩

幼果期霜冻组织褐变

**4.加热法预防霜冻**

在果园间隔一定距离，放置加热器如蜂窝煤炉等，在霜冻前点火加热，促使下层空气变暖上升，而上层原来温度较高空气下降，在梨树周围形成暖气层，一般可提高温度1℃~2℃。

 **5.灌水法预防霜冻**

晚霜危害前为避免土壤温度下降过快，依据天气变化情况，可在晚霜危害前夜果园灌水，井水温度一般可达12~14℃，利用水温来提高地温，通常可提高地温5℃~10℃，增加土壤热容量，提高地表温度。

 **6.利用防霜风机预防霜冻**

防霜风机预防霜冻主要原理是利用逆温层的温差，通过风力吹动高空热气与地面冷气交换混合，提高梨树周围温度，防止霜冻的发生。一般架设高度10米，扇面呈45度角吹风，此法与燃烧法结合使用效果更佳。一般每台防霜风机使用的有效半径为100米，每台防霜风机可覆盖50亩果园，对辐射霜冻的预防效果很好。

梨园安装果园防霜机

# 山旱地梨园集雨贮肥技术

"集雨贮肥"是旱地山地果园解决水肥不足的一项实用技术，具有方法简便、取材容易、投资少、效益高、节肥、节水等特点，在土壤瘠薄、无灌溉条件的山旱地果园应用效果尤为显著。

 **1.主要作用**

（1）提高早春地温。集雨贮肥能提高早春土壤温度，促使果树根系活动提前，增强对土壤养分和水分的吸收能力。

（2）保持土壤水分。集雨贮肥的果园果树生长季节的土壤含水量一般维持在15%左右。

（3）利于土壤养分的释放。果园使用集雨贮肥技术后，土壤水分充足。土壤中速效氮、磷、钾含量明显提高；降低了土壤pH值，土壤微量元素有效性增加，利于果树根系的吸收利用。

集雨贮肥技术对改善果园土壤的理化性状，提高保水保肥能力，培肥土壤，提高产量与品质有明显效果，在山旱地果园应大力推广。

 **2.技术要点**

（1）制草把。把玉米秆或麦秸用铡刀铡成长30~35厘米的节段，用草绳捆成直径15~25厘米的草把。注意一定要捆紧扎实。将草把放在沼液或5%~10%的尿液或尿素水中浸泡1~2小时，浸透后捞出待用。

挖贮肥穴

放置草把

回填贮肥穴

贮肥穴灌水

覆膜、盖瓦片

（2）挖穴与施肥。初冬或早春土壤解冻时，结合果园耕翻、施肥和整修树盘等作业，在树冠投影内侧根群集中分布区（向内50~70厘米）处，挖直径比草把稍大的若干圆柱形坑穴，坑穴应围绕树干呈同心圆排列，坑穴位置尽量和地上部大枝相对应，以利于果树吸收养分。坑穴数可依据树冠大小来确定，冠径3~4米的挖4个穴；5~6米的挖6~8个穴。将草把立于穴中央，周围用混加有机肥的土壤踩实

（每穴5千克土杂肥，混加150克过磷酸钙、50~100克尿素或复合肥），并适量浇水，然后整理树盘，使营养穴低于地面1~2厘米，形成盘子状。每穴浇水3~5公斤即可覆膜。

（3）覆膜。选用0.008毫米厚的聚乙烯黑色薄膜，把营养穴盖在膜下，每穴覆盖面积1.5~2平方米，地膜的四周及中间用土均匀压实。每个肥水穴的中央正对草把上端钻一小孔，以便日后浇水、追肥或

承接雨水用。小孔平时要用瓦片盖严，防止水分蒸发。

（4）覆膜后肥水管理。浇水：从梨树开始萌芽到新梢旺长期每隔10~15天浇1次水，秋季8~9月份，视干旱情况浇水。每穴每次浇水量以5~6千克为宜。施肥：除在埋草把时施肥外，分别在花前、坐果和新梢迅速生长期结合浇水进行追肥，前期以速效氮肥为主，每穴每次施尿素50克，6月份以后适当增施磷钾肥，每穴每次施入磷酸二氢钾50~100克。

（5）肥水穴管理。肥水穴一般可维持2~3年，草把应每年更换1次，发现地膜破损时及时更换。进入雨季，可撤去地膜，使穴内贮存雨水。再次设置肥水穴时位置要相互错开，分年度有计划地逐步实现全园改良。

 **3.适宜区域**

干旱地梨园集雨贮肥技术适于在甘肃省陇东和中部干旱、半干旱及同类地区推广。

# 干旱半干旱地区采园节水灌溉技术

膜下滴灌具有节水、省肥、省工等诸多优点，近年来在我省景泰、张掖等梨产区应用取得了良好的效果，已成为干旱、半干旱梨园节水灌溉的一项重要技术，该技术的操作要点如下。

 **1. 施肥改土**

1~4年生幼树结合深翻改土施入有机肥。盛果期梨树，第一年秋季在树冠投影向内20~30厘米处，东西南北4个方向各挖长、宽、高均为40~50厘米的施肥坑1个。每亩施2~4吨腐熟的有机肥，与园土按1:1的比例混匀后填入施肥坑，局部改良根系周围土壤，提高有机质含量，培肥地力。以后每年施肥沿第一年施肥坑扩

展（如图1），通过5年时间梨树周围的土壤全部得到改良。

 **2. 铺设滴灌带**

选用滴头间距30厘米的厚壁滴灌带，铺设前全园先松一次土，疏松土壤，减少滴水时地面径流。1~4年生的幼树，沿栽植行铺设一条滴灌带（如图2），5年生以上（盛果期）的梨树，在树两侧沿树行各铺设一条滴灌带，距离主干位置以树冠投影向内1/3处为宜（如图3）。

 **3. 追肥与覆膜**

按照目标产量计算当年施肥量，第一次追肥在梨树开花前进行，占全年施肥量

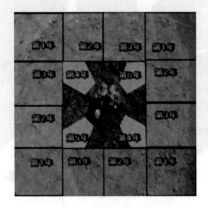

施肥方法示意图

幼树铺设1条滴灌带

盛果期梨树铺设2条滴灌带

的40%，采用多点穴施的方法。施肥后顺行向覆盖厚度为0.008毫米的聚乙烯黑色地膜，宽度应按照树龄、行距不同合理选择，覆盖宽度以树冠投影的80%为宜（如图），达到除草、保墒的效果，覆膜后及时灌水。以后几次追肥，根据梨树不同生长时期的需肥量，将所需肥料加入滴灌首部贮肥罐，充分搅拌溶解后通过注肥泵注入滴灌管道，结合滴水进行追施。

 **4. 灌溉时间及灌溉量**

第一次滴水时间在梨树开花前，覆膜后及时灌水，以后视天气及土壤墒情每30天左右滴水1次，灌水量幼树每次15~20

方/亩，盛果期梨树每次35~40方/亩。采收前30天开始（果实迅速膨大期）滴水量增加到50方/亩，滴水间隔缩短至20天1次，连滴2次。11月下旬滴越冬水，水量要足，每亩滴水80方左右，以保证树体安全越冬。

 **5. 去膜中耕**

入秋后，及时去除树下覆盖的地膜，中耕全园土壤1次，既能改善土壤通气状况，又有利于土壤接纳秋雨，同时中耕对表层浅根有修剪作用，促使生长新根，防止土壤多年覆膜后梨树根系上浮。

树行内覆盖黑色地膜

贮肥罐(用于溶解和盛放肥料液)

注肥泵(将肥料液均匀注入滴灌水中)

梨

# 旱地梨园垄膜保墒集雨技术

干旱是北方地区果树生产的主要制约因素之一，我们结合甘肃省干旱半干旱地区果园现状研究总结的"旱地梨园垄膜保墒集雨技术"已在甘肃陇东和中部地区果园大面积推广应用，取得了很好的效果。

 **1. 旱地梨园垄膜保墒集雨技术主要作用**

旱地梨园垄膜保墒集雨技术的主要作用有三点：一是增加早春地温，二是集雨作用，变无效降水为有效降水，三是降低土壤蒸发，为果树根系创造良好的水肥气热条件。果园起垄覆膜可以提高果园水分利用效率，促进果树花芽形成，控制树势旺长，减少杂草生长。

**2. 旱地梨园垄膜保墒集雨技术操作要点**

（1）增施有机肥。第一年秋季，在外围延长枝垂直向下再向内20~30厘米处挖4个长、宽、高各40~50厘米的施肥坑。每亩增施2~4吨腐熟的有机肥，与园土按1：1的比例混匀后填入施肥坑，局部改良根系周围土壤，提高有机质含量，培肥地力。通过5年时间果树周围的土壤全部得到改良。

（2）覆膜时间。在果园地面土壤尚未完全解冻时覆膜效果最好。甘肃中东部地区一般为2月底至3月初。

（3）挖沟起垄。先将果园地面整平，

挖坑施肥

改土挖集雨沟起垄

垄面覆盖黑色地膜

集雨效果

在树冠投影向内30厘米左右沿果树行向或灌水方向挖宽、深为20~30厘米的灌水沟（也可作为排水沟或集雨沟），将沟土培于树行内，使近主干部分地面较高而行间较低，形成约5°~10°的一个斜面。斜面要均匀平缓，将斜坡的土壤培细，去除废膜、残枝、石块等，用石碾碾平、压实，准备覆膜。

（4）覆黑色地膜。根据栽植密度和树龄，在树行两边斜面上覆1~1.4米幅宽的黑色地膜，尽量将膜紧贴树干，使水分有效集流到施肥沟。地膜一定要拉紧、铺平，中间每隔一段要用土压住，以免风将地膜掀起，同时避免雨水集中到低洼地。

（5）行间自然生草或覆草。选择一年生的低矮自然生长的草种，不采取任何措施除草，任其生长，但必须铲除其他一些杂草，便于留下的草很好生长。当草长30~40厘米时，要进行刈割，留5厘米左右，以利再生。把割下的青草覆盖在植株周边或树盘。起到"养草保土增肥，养草保湿控温"的作用。

也可覆草，以麦草较好，也可用粉碎的玉米秆覆盖，厚度为15厘米左右。

# 梨树修剪枝条堆肥技术

梨树每年冬剪产生大量枝条，这些修剪枝因含有病原菌与虫卵等有害物质，常被焚烧或弃置在梨园周围，造成资源浪费与环境污染。循环利用梨树修剪枝条作为有机肥料，不仅可以改良梨园土壤，开辟新的有机肥源，而且可以循环利用钾和微量元素资源，解决这些元素的缺乏问题。具体操作如下：

 **1. 整理、粉碎枝条**

将梨树修剪枝条整理成直径10~15厘米的小捆，用枝条粉碎机将其粉碎。

 **2. 接种分解菌与调节碳氮比**

按照15%~20%的比例向粉碎好的枝条碎屑中均匀掺入新鲜的畜禽粪便以调节碳氮比（也可以均匀添加5%左右的稀氮溶液），同时混入0.1%~0.2%的专用发酵菌剂。若是较干的枝条要注意调节水分含量到55%~60%。

 **3. 砌堆**

在充分搅拌均匀的基础上，将物料砌成底宽2~3米，高1.5~2米的梯形堆，长度不限。干旱地区，为了防止水分散失过快，可以在堆上覆盖塑料薄膜以保水。

 **4. 测定温度**

在砌堆72小时后，每天10:00或下午4:00前后用温度计测量肥堆表层下20~25厘米处的温度，一次选择4~5个不同的位置测定并求平均值，当温度达到60℃以上时记录温度，以后每天同一时间内多点测量温度。

 **5. 翻堆**

当温度维持在60℃以上的时间连续达到5~7天（或虽然没有达到5~7天但堆肥温度已开始下降）开始翻堆。打开肥堆，将物料从内向外混翻均匀，然后再次砌堆。

 **6. 测定温度**

砌堆24小时后测定温度，当堆温开始下降时，再次翻堆，然后砌堆。如此反复4~5次。

梨

 **7. 堆肥腐熟**

当堆温维持在40℃左右，肥堆物料的颜色呈黑褐色时，则堆肥已经腐熟。通常堆肥腐熟的时间在30~35天，主要视堆肥条件和堆肥过程中的温度变化。

腐熟后的堆肥可以直接使用，也可以继续堆放后熟。直接使用时建议配合部分速效氮肥，以防止微生物与果树争氮。若继续堆放后熟，建议将堆高提高到3米，同时要注意压实肥堆，使内部处于无氧状态。

枝条粉碎

接种分解菌

加水调节水分含量

翻堆

梨

# 梨小食心虫的综合防控技术

梨小食心虫是目前梨树上的重要害虫之一，特别在梨园、桃园混栽区和管理粗放的梨园，发生尤为严重，梨虫果率达15%~45%，加之其在发生中后期世代交替，果农不能准确掌握最佳防治时间，给防治带来极大困难，只有采取综合防治技术，才能达到理想的防效。

## 1. 梨小食心虫的预测预报

（1）性诱剂诱蛾法。该法预测梨小食心虫的发生期和防治适期比较准确。具体措施是：在果园内选取5~6棵树，设置性诱芯水盆诱捕器（制作方法详见下文）或胶黏式诱捕器，将诱捕器悬挂于树冠背阴处的枝干上，距地面高1.5米左右。逐日检查、记载诱蛾数量，当诱到的雄蛾数量

连续几天突然增加，表明已进入虫害高峰期，应及时进行喷药防治。

（2）田间卵果率调查法。从7月份开始，选择上年危害严重的代表地块，选定5~10株代表树，每株在上部、内部、外部共查梨果100~200个，每2天调查1次，每次不少于1000个果实，记载卵果数，当卵果率达0.5%~1%时，立即喷药防治。

## 2. 梨小食心虫的农业防治

（1）规划建园时，根据梨小食心虫具有转主为害的习性，尽量避免梨树与桃、李、杏等树种混栽，以杜绝梨小食心虫交替危害。

（2）早春刮除老翘皮，消灭潜藏的越

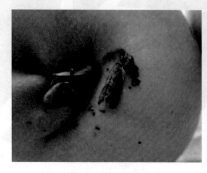

梨小食心虫成虫

梨小食心虫危害的果实

梨小食心虫监测点

冬幼虫；8月中旬，越冬幼虫脱果前，用草或麻袋片绑在主枝上，诱集脱果越冬的幼虫。

（3）采用果实套袋措施可有效防止梨小食心虫的为害。

 **3. 梨小食心虫的物理防治**

（1）利用糖醋液诱杀成虫。按白砂糖：醋酸：乙醇：水=3：1：3：80的比例配制糖醋液，装在罐头瓶内或空塑料瓶剪成广口状，挂在树冠中上部背阴1.5米高处，每亩挂8~10个。

（2）利用性诱剂诱杀雄蛾。取口径20厘米的水盆，用略长于水盆口径的细铁丝横穿一枚诱芯，置于盆口上方并固定好，使诱芯下沿与水盆口面齐平，以防止因降雨水盆水满而浸泡诱芯，将诱盆悬挂于树冠背阴处的枝干上，距地面高1.5米左右。盆内加0.2%的洗衣粉水，使水面距诱芯

下沿1~1.5厘米，每亩挂设15个。为保证诱集效果，每天向水盆添水到原位，每月更换1次诱芯。

 **4. 梨小食心虫的化学防治**

根据预测预报，当雄蛾数量出现高峰后5~7天，或者调查卵果率达0.5%~1%时，应及时喷药防治。药剂可选用48%乐斯本乳油1500倍液、1.8%的阿维菌素乳油2000倍液、25%的蛾螨灵3000倍液、25%的灭幼脲3号2000倍液等。

 **5. 梨小食心虫的生物防治**

生物防治是无公害梨生产的重要措施之一。一是避免在梨园使用广谱性杀虫剂，注意保护天敌；二是在梨小食心虫成虫羽化高峰期1~2天后人工释放赤眼蜂，每3~5天释放1次，连续释放3~4次，每亩释放3~5万只，可收到良好的防治效果。

水盆式诱捕器

糖醋液诱杀

# 梨茎蜂综合防治技术

梨茎蜂又名梨梢茎蜂，俗称折梢虫、剪头虫，是目前我省梨树主要虫害之一，大树被害后影响树势及产量，幼树被害后则严重影响枝条的生长及树冠的扩大和整形，该虫防治要采用综合防治技术才能达到良好的防治效果。

 ## 1.农业防治

冬季结合修剪，彻底剪除梨茎蜂被害枝梢，并带出梨园集中烧毁，消灭潜在其中的大量越冬虫源，减少虫源基数。在生长期，成虫产卵结束后，逐树仔细检查，及时剪除被害新梢，应在断口下1厘米处剪除，以消灭虫卵。

 ## 2.物理防治

利用梨茎蜂趋黄色的特性，梨茎蜂出蛰期在梨园中悬挂黄色诱虫板，可诱杀大量成虫。具体方法是：在梨树盛花期，将黄色诱虫板（规格20厘米×24厘米）悬挂于距地面1.5米左右的枝干上，每亩均匀挂设20~30块，即能达到良好的防治效果。

 ## 3.药剂防治

于梨盛花末期晴天上午10点至下午1点，全园喷布80%敌敌畏乳油1000倍液+28%梨星一号1000倍液或2.5%敌杀死乳油3000倍液~4000倍液。

花期刮黄板诱杀梨茎蜂

黄板诱杀梨茎蜂效果

剪除为害新梢虫卵

# 梨园春季管理技术

春季是梨树开花坐果、枝叶建造和幼果发育的时期。加强梨园春季管理，可有效提高坐果率，增加产量，克服大小年，控制全年病虫害的发生危害；同时可促使树体尽快形成强大的叶面积和高功能叶片，为优质丰产奠定基础。

 **1. 刮治腐烂病**

萌芽前逐树仔细检查，对腐烂病病斑彻底刮除，刮治时工具用消毒液严格消毒，刮到病斑外0.5~1厘米处，做到边缘光滑，呈梭形，以便伤口愈合，刮后伤口涂抹甲硫萘乙酸、腐植酸铜等药剂，将刮除的病残组织带出果园，集中烧毁。主干或大枝病痕较大部位，可进行桥接，以恢复树势。

 **2. 花前施肥，覆盖保墒**

萌芽前结合春灌或雨后借墒施一次以氮肥为主的速效肥，以补充树体萌芽、开花、坐果及新稍生长所需营养。旱区梨园土壤温度上升后（5月上旬）可采用玉米秸秆、麦草、杂草等进行行内覆盖，覆草厚度为15~20厘米，并零星压土，以减少地表水分蒸发，保持土壤水分，也可在树行内铺黑色地膜，保墒节水，满足生长季树体水分需求。

 **3. 及时喷药防治病虫害**

3月中下旬，在梨木虱出蛰盛期，选择晴天上午10时后至下午4时前喷药，药剂可选用1.8%阿维菌素、4.5%高效氯氰

刮治腐烂病疤

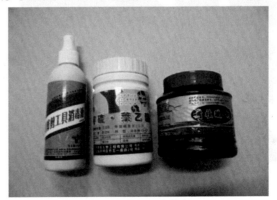

常用防治腐烂病药剂

花前施肥

菊酯等，喷药时树干和地面杂草都要喷到。如果梨木虱发生严重，4~5天后应再喷一次，以提高防效。梨树花芽膨大期全园仔细喷一次波美3度~5度的石硫合剂兼治病虫。

### 4.预防花期晚霜冻害

北方春季气温回升快且波动大，花期低温冻害频繁，要关注天气变化，预防晚

蜜蜂授粉

树行覆草

霜冻害。一是梨树萌芽到开花前全园灌水、全树喷白，推迟花芽萌动和开花；二是在霜冻来临前，利用锯末、麦糠、碎秸秆、杂草等混堆作燃料，烟堆置于果园上风口处，一般每亩果园4~6堆，夜间10时至凌晨3时点燃烟堆，进行果园薰烟增温。

### 5.加强花期授粉，提高坐果率

采用花期放蜂、人工授粉等方法，提

液体授粉

高座果率。具体方法为：开花前3天在果园内释放壁蜂，蜂巢间距60米，每巢放壁蜂150头或开花前在梨园附近摆放蜜蜂授粉，平均每10亩梨园摆放1箱蜜蜂即可达到良好的授粉效果；也可采用人工授粉方法，按间隔15~20厘米点授一朵花，以基部第二、三序位的花朵为好或在盛花期用水10千克+花粉10克+硼砂30克+尿素30克配成混合液，喷布花朵。

# 盛果期黄冠梨园夏季管理技术要点

夏季梨树陆续进入营养生长与生殖生长的旺盛阶段，这一时期梨园各项管理措施能否落实到位，不仅影响当年的果实产量和品质，同时也关系到花芽分化的好坏和翌年产量，是梨园管理的关键时期。对西北地区盛果期的黄冠梨园来说，夏季管理重点要做好以下几个方面工作。

 **1. 土肥水管理**

进入夏季，气温逐渐升高，梨园土壤水分蒸散加速，适时进行松土保墒，树行内覆盖宽度1.2米或1.4米的黑色地膜，既可保墒节水，又能防除树下杂草。

落花后（幼果期）每株穴施尿素0.25千克+磷酸二铵0.15千克，及时补充幼果膨大及新梢生长树体消耗的营养。施肥后及时灌水，漫灌制梨园亩灌水量控制在80~100方，畦灌梨园亩灌水量60~80方，滴灌梨园亩灌水量控制在35~40方，灌水后行间适时松土保墒。梨树为深根性果树，喜水但怕涝，要避免梨园积水或频繁灌水，根据天气情况及梨园土壤墒情，灌水后30~40天再灌下一水。

 **2. 花果管理**

西北地区梨树幼果期气温尚不稳定，极易发生晚霜危害，因此疏果时间要适当推迟，等到确认晚霜过后，疏果、定果一次完成。疏果时留单果，果间距25~30厘米，亩留果量13000~15000个，栽植密度3，米×4米的黄冠梨园，单株留果量260个左右。落花后10天开始，每7~10天喷康朴液钙1000倍液或翠康钙宝1200倍液1次，连喷2次，可显著减轻黄冠梨果面花斑病的发生。落花后35天开始套袋，选用黄冠梨专用外褐内黑纸袋+无纺布三层袋，套袋前全园细致喷一次药，并在一周内套完，如遇阴雨天气，需补喷药后再进行套袋。

 **3. 枝梢管理**

夏季修剪可以改善黄冠梨树体光照，提高营养水平，缓和树势，减少无效生长造成养分消耗，节约营养，促进果实膨大花芽分化。春季没有完成拉枝的梨园要继续进行拉枝，缓和枝条生长势，增加中、短枝数量，促进花芽形成。适当回缩已经转弱的结果枝组，冬剪疏除的枝组剪锯口萌发的新枝，应选留剪锯口下方、生长平斜的枝进行更新。长势强的黄冠梨树，坐果后易长出果台副梢，果台副梢为2个的，去直留平，果台副梢为1个的，一般不做处理。及时疏除主枝背上直立旺枝及主枝延长头竞争枝，保持主枝单轴延伸生长，新培养的结果枝组长放拉平，缓势成花。

 **4.病虫害防治**

落花70%时，全园喷1次2%阿维菌素3000倍+4.5%高效氯氢菊酯1000倍液，防治梨实蜂、梨木虱、康氏粉蚧。套袋前全园细致喷一次48%毒死蜱1500倍液+70%甲基托布津800倍（或10%苯醚甲环唑8000倍）液。6月下旬至7月初，根据梨园实际病虫害发生情况用药1次。西北地区黄冠梨枝干冬季易发生日灼，腐烂病发生较重，夏季要继续检查刮治腐烂病，刮后伤口涂抹腐克星或腐植酸铜原液，促进病斑愈合。

# 北方梨园冬季综合管理技术

随着气温下降，梨树开始进入休眠期。加强梨园冬季管理，对保证梨树的安全越冬、克服"大小年"结果、提高产量和品质、控制越冬病虫害的发生危害等均具有十分重要的作用。

 **1.清园消毒**

许多危害梨树的病菌、害虫均在枯枝落叶及荒草中越冬，成为第二年的病虫源，入冬后要对梨园进行严格清园和消毒，以压低越冬病原菌和害虫数量，减轻翌年病虫害发生程度。

（1）刮翘皮、剪除病残枝早春时期用刮刀轻轻刮去枝干上开裂缝的翘皮，至见琥珀色为止（注意不要刮伤里面的嫩皮），并将刮下的翘皮集中烧毁，以消灭梨星毛虫、梨小食心虫、黄粉蚜、红蜘蛛等害虫的大部分越冬代虫体（或卵），同时结合冬剪，将病虫枝、芽及干枯枝条剪掉并集中烧毁。

（2）彻底清园。初冬时期结合修剪，及时将病虫枝、干枯枝、落叶、僵（烂）果、杂草等彻底地清理出果园，集中烧毁

或深埋。

清园

（3）全园消毒。早春时期全园仔细喷一遍25%金力士6000倍＋40%融蚧乳油1000倍＋柔水通3000~4000倍混合液或3~5Be°石硫合剂铲除越冬主要病虫害。

 **2.梨园翻耕**

在清园后土壤封冻前对全园进行一次深翻，耕翻的深度以25~30厘米为宜。一方面可改善土壤结构、保持土壤墒情；另一方面深翻还可把越冬的害虫、虫卵、茧、蛹及病菌翻到地面冻死干死，或被天敌吃掉，亦可达到降低虫口基数的作用。

在10下旬至11月上旬，梨园要饱灌一次冬水，使整个越冬期土壤保持适当水分含量，以保护根系和树体安全越冬，为翌年春季梨树生长发育提供良好的土壤墒情条件；同时还能促进土壤养分的分解，消灭在土壤缝隙中越冬的梨木虱、梨小食心虫等害虫。

### 4.合理冬剪

（1）冬季修剪方法和时间。梨树冬季修剪主要采取短截、疏枝、回缩等措施。因品种、树龄的不同，修剪的方法和侧重点也有所不同。冬剪的时间为梨树落叶后至翌年春季萌芽前，生产上大多在12月下旬至翌年2月进行。

（2）不同树体的冬季修剪方法。一般幼旺树要轻剪；衰老树、树势弱的则要适当重剪。冬季修剪时除了疏除徒长枝、密生枝、重叠枝、断垂枝和病虫枝外，对幼树要注意培养树体骨架结构，选留好各级骨干枝、并进行短截，尽快扩冠成形；多留辅养枝，对辅养枝长放或轻短截，并以拉枝等形式开张角度、形成花芽，使其提早结果。盛果期树则要注意调节好营养生长与结果的关系，主侧枝因前部挂果枝头下垂的，可换斜上枝为延长头，抬高角度；结果枝组要精细修剪，注意复壮和更新，稳定树势，保证产量。

### 5.树体保护

（1）树干涂白。树干涂白，不仅能防止冬季冻害、日灼和畜禽啮啃，而且能对残留在枝干上的病虫起到良好的防治作用。涂白在落叶后至土壤结冻前进行，部位以主干为主，主枝分叉处和根颈部要多涂，涂时以不流失和干后不翘、不脱落为宜。

剪锯口保护剂

愈合效果

主干及主枝基部涂白

（2）伤口保护。冬季修剪后，要及时对剪锯口进行封闭保护，防止病菌入侵和树体水分散失，促进伤口愈合，可选用拂蓝克、喜嘉旺剪锯口保护剂。

# 早酥梨夏秋季管理技术要点

早酥梨是甘肃梨树主栽品种，该品种具有良好的栽培性状和较强的生态适应性，表现出生长健壮、结果早、丰产、果个大、品质好等特性，栽培面积大、分布广，在甘肃陇南、陇东、中部和河西均有栽培，近年来市场售价逐年提升，经济效益显著。现就我省早酥梨夏秋季栽培管理技术总结如下。

 **1.果实生长期及时灌水、中耕松土**

夏季是早酥梨果实迅速膨大、新梢快速生长时期，也是早酥梨需水量较多的时期，因此，此期灌水显得尤为重要。水源充足地区可进行沟灌；缺水区可整树盘进

中耕保墒

行浇灌，株灌水量每次不能低于120千克，每次灌水后及时中耕除草，松土保墒。

 **2.及时追肥、早施基肥**

在6月中旬灌水前追施一次氮、磷为主的缓释长效肥，采用环状或辐射状沟施，株施1~1.5千克，并结合喷药喷施氨基酸复合肥和含铁、锌、硼等微肥2~3次。7月中旬后，叶面喷施磷酸二氢钾2次。

采果后，将腐熟有机肥和果树专用肥混匀作为基肥施入20~40厘米的根系分布区，每亩施有机肥4~6m³，株施果树专用肥1~1.5kg。

 **3.加强夏剪，改善树体通风透光，促进花芽分化**

（1）控制背上枝、旺长枝，疏除密集丛生枝夏初及时抹除背上直立枝，骨干枝空间较大的，可选留1~3个背上直立枝进行轻摘心，秋季拉平培养成结果枝组。对过旺枝尽早重摘心，促其抽生侧枝。疏除

交叉枝、平行枝、徒长枝，调整内膛临时辅养枝，对截剪后抽生的较密集丛生枝，可选留伸展角度合适，生长势中等偏强的枝培养成结果枝组，其余枝全部疏除，对外围过密枝条，一般选留1~2个，其余疏除，树冠外围不培养结果枝组。

（2）改善结果短枝的通风透光条件结果短枝群负载重，叶片常常出现叠生，应去弱留强或弱枝轻剪更新，打开光路，保证每果的营养叶在20片以上。对空间较大，生长在主枝中部和基部的老化短枝群，少留果，疏剪或留强并短截，促其抽枝，达到更新复壮。对主枝上部的短果枝群仅疏剪，不能进行短截，短枝群密度可稍大于中下部，但要叶叶见光、枝枝不叠。

（3）疏除病虫枝、枯枝、根蘖萌生枝剪除徒长枝、机械创伤枝、腐烂病严重的病枝、枯枝，梨茎蜂危害梢，以及根蘖萌生枝，集中烧毁或者深埋。

 **4. 病虫害安全防控**

刮除腐烂病枝干病斑，并涂刷腐烂克星等腐烂病防治药剂；园中悬挂性诱剂、糖醋液、黄板诱杀梨小食心虫、桃小食心虫、梨木虱、蚜虫等害虫。

5月上中旬和6月中旬交替喷10%苯醚甲环唑1500倍液、70%甲基托布津800倍液等杀菌剂，以及阿维·啶虫咪1500倍液、氰戊·马拉松乳油1500倍液等杀虫剂，防治梨灰斑病、黑斑病、褐斑病、白粉病、梨木虱、梨小食心虫、蚜虫、象甲等。

7月中旬喷40%氟硅唑8000倍液、高氯甲维盐2000倍液、25%的吡虫啉4000~6000倍液，防治对象同上。采果后及时喷70%代森锰锌可湿性粉剂800倍液、1.8%的阿维菌素乳油2000倍液或20%哒螨灵乳油2000倍液，防治梨灰斑病、黑斑病、白粉病、梨木虱、螨类等。

# 梨园秋季综合管理技术

秋季是梨树花芽深度分化和有机养分贮备的关键时期，正值梨树的结实期，树体营养消耗大，加强梨园秋季管理，对减少病虫害的发生，促进树体的生长、恢复树势、提高花芽的数量和质量有重要作用。秋季梨园管理重点要抓好以下几个方面：

##  1.适期分批采收果实

根据梨果品种特点、上市时间、运输距离和条件、贮藏时间等因素选择合适的成熟度适时采收。果实采收时先采树冠下部及外围果，再采树冠上部及内膛果，先采摘达到收购标准的大果，过5天左右再采摘一次，分2~3次采收结束。分期分批采摘，可提高果实品质及商品果率，对提高果实产量也有一定作用。

##  2.土壤管理

采果后及时揭除树行内覆盖的地膜，并对梨园土壤进行耕翻，深度20~30厘米，不仅可疏松土壤，增强通透性，而且有利于根系愈合和秋梢及时停长，促使枝条成熟，利于养分积累和安全越冬。同时深翻可把躲藏在树冠下土层准备越冬的害虫翻出地面，让鸟类啄食或冻死，少病虫源。

**秋季深翻梨园**

##  3.肥水管理

梨树当年枝梢生长及果实发育消耗了大量树体养分，应于9月中下旬至10月初早施基肥，促使树势尽快恢复。基肥可选用腐熟的羊粪、鸡粪、猪粪等有机肥，盛果期梨园按照"斤果斤肥"的标准，每株再混加2千克大三元有机生物肥，施肥深度以30~40厘米为宜，可采用条沟或环状沟方法施入。

**采果后条沟施基肥**

果实采收后，一般进入秋旱季节，灌水有利于贮藏养分的积累和提高花芽质量，增强树体的抗寒越冬能力。可在采收后和越冬前各灌一次。

###  3.做好秋季修剪

秋季修剪可以减少树体营养的无效消耗，促进树体营养积累，改善通风透光条件，提高果实品质。修剪方法是疏除或回缩内膛无效枝、重叠枝、徒长枝及竞争枝，修剪量不宜大。

对成枝力低的品种如早酥梨、鸭梨等品种，要注意选留有空间的缺枝部位的背上枝，拉倒缓放促其成花结果。

在8月中下旬（即秋梢旺长期）对1~2年生骨干枝及未结果的多年生中庸枝进行拉枝，有利于扩大树冠，加速成形，增强光照，调整树势，促使成花。

### 4.科学防治病虫害

秋季北方梨园的主要病害有梨白粉病、黑斑病、黑星病，虫害有梨木虱、红蜘蛛、梨小食心虫、大青叶蝉等。

防治方法是7月下旬，梨果采收前20天喷一次4.5%高效氯氢菊酯3000倍液+15%哒螨灵乳油3000倍液+25%戊唑醇1200倍液；8月份梨树主干绑瓦楞纸诱虫带，诱集红蜘蛛和梨木虱越冬成虫。果实采收后要及时清理残留在树上的套袋、病僵果、枯死的枝条。9月下旬喷一次1.8%阿维菌素3000倍液+90%万灵可湿性粉剂3000倍液~4000倍液+40%福星8000倍液，连同树下、周边杂草全喷，可兼治大青叶蝉。喷药后进行主干涂白，可防止大叶青蝉危害及越冬冻害。

# 石硫合剂的熬制及使用方法

石灰硫磺合剂简称石硫合剂，是一种具有杀菌、杀螨等作用的硫制剂，它有强烈的硫磺臭味，呈酱油色，具强碱性。它是由石灰、硫磺、水按一定比例熬煮而成，再加水稀释成所需要的浓度即可使用。石灰硫磺合剂对红蜘蛛、白粉病菌有特效，并对多种霉菌、锈菌均有较好的防治效果。

 **1. 石硫合剂的熬制方法**

石灰、硫磺和水的比例是1：2：10。先取块状生石灰加少量水化成糊状，然后取硫磺粉均匀拌入石灰糊中，再加水，倒入铁锅，用强火熬煮（熬前记下锅内水位高度）。煮沸中边用力搅拌边补充失去的

熬制石硫合剂

水分。煮沸时间为40~60分钟，待药液呈现酱油色、透明、液面泛出绿色泡沫时为止。自然冷却后取锅内的上清液，即为石灰硫磺合剂的原液，用波美比重计测量度数后（通常为24度~26度）装入容器内，注明药名和波美度。

 **2. 石硫合剂的使用方法**

通常只用作喷雾使用，施药浓度根据梨树生长情况和气候而定。波美0.1度~0.2度可防治苗木白粉病；0.2度~0.3度可防治红蜘蛛；0.5度可防治梨黑星病；1度初春可防治梨黑星病和白粉病；4度~5度在冬末和早春果树发芽前使用，可防治梨黑星病、白粉病、轮纹病、炭疽病及梨园介壳虫等。用原液对刮治后的腐烂病伤口进行消毒亦有较好的效果，例如梨树腐烂病经刮治、除去烂皮，涂上原液可有效地控制腐烂病的发展。

**3. 石硫合剂的使用注意事项**

（1）石硫合剂原液最好存放在小口缸里，滴入一薄层煤油或柴油，隔绝空气，

同时严密封口。

（2）熬煮和贮存时都不要和铜质器具接触。

（3）在夏季32℃以上和冬季-4℃以下时不要使用。

（4）在夏季炎热的中午要避免喷药，不然出现药害。

（5）该药不能与波尔多液，松脂合剂、肥皂等混用。在梨树上与波尔多液交

替使用时，须隔2~3周，否则会引起药害。

 **4.石硫合剂稀释方法**

熬制的石硫合剂使用时通常需要加水稀释，由于熬制方法的差异造成原液浓度不同，梨树萌芽前一般使用浓度波美3度~5度，萌芽后一般使用浓度为波美0.3度~0.5度，加水稀释倍数见下表：

**石灰硫磺合剂稀释表**

| 31 | 15 | 16 | 17 | 18 | 19 | 20 | 21 | 22 | 23 | 24 | 25 | 26 | 27 | 28 | 29 | 30 |
|---|---|---|---|---|---|---|---|---|---|---|---|---|---|---|---|---|
| 0.1 | 149 | 159 | 169 | 179 | 189 | 199 | 209 | 219 | 229 | 239 | 249 | 259 | 269 | 279 | 289 | 299 |
| 0.2 | 74 | 79 | 84 | 89 | 94 | 99 | 104 | 109 | 114 | 119 | 124 | 129 | 134 | 139 | 144 | 149 |
| 0.3 | 49 | 52.3 | 55.6 | 59 | 62.3 | 65.6 | 69 | 72.3 | 75.6 | 79 | 82.3 | 85.6 | 89 | 92.3 | 95.6 | 99 |
| 0.4 | 36.5 | 39 | 41.5 | 44 | 46.5 | 49 | 51.5 | 54 | 56.5 | 59 | 61.5 | 64 | 66.5 | 69 | 71.5 | 74 |
| 0.5 | 29 | 31 | 33 | 35 | 37 | 39 | 41 | 43 | 45 | 47 | 49 | 51 | 53 | 55 | 57 | 59 |
| 1.0 | 14 | 15 | 16 | 17 | 18 | 19 | 20 | 21 | 22 | 23 | 24 | 25 | 26 | 27 | 28 | 29 |
| 3.0 | 4 | 4.33 | 4.66 | 5 | 5.33 | 5.66 | 6 | 6.33 | 6.66 | 7 | 7.33 | 7.66 | 8 | 8.33 | 8.66 | 9 |
| 4.0 | 2.75 | 3 | 3.25 | 3.50 | 3.75 | 4 | 4.25 | 4.50 | 4.75 | 5 | 5.25 | 5.50 | 5.75 | 6 | 6.25 | 6.5 |
| 5.0 | 2 | 2.2 | 2.4 | 2.6 | 2.8 | 3.0 | 3.2 | 3.4 | 3.6 | 3.8 | 4 | 4.2 | 4.4 | 4.6 | 4.8 | 5 |

**甘肃梨园病虫害综合防治日历**

| 时间 | 物候期 | 防治对象 | 防治措施 |
|---|---|---|---|
| 12月至2月 | 休眠期 | 梨病虫害 | （1）结合冬剪，剪除病虫枝、摘除病虫僵果，刮治蚧壳虫，有效压低病虫害基数，减轻来年病虫的危害程度；<br>（2）冬剪时及时用喜嘉旺保护剪锯口；<br>（3）刮主干、主枝粗皮，清扫落叶、残次落果，解除幼虫带，同杂草一起烧毁，降低越冬病虫基数。 |
| 3月 | 芽萌动期 | 梨木虱、梨椿象、红蜘蛛、梨大食心虫、黑星病、轮纹病、腐烂病 | （1）上旬，刮除腐烂病和干腐病病斑，刮后及时涂甲硫萘乙酸原液；<br>（2）下旬，梨木虱出蛰盛期（花芽鳞片露白期），喷3~5Be°石硫合剂或25%的丙环唑5000倍液+24%螺螨酯悬浮剂3000倍液+10%联苯菊酯乳油1500倍液。 |

| 时间 | 物候期 | 防治对象 | 防治措施 |
|---|---|---|---|
| 4月上旬~4月中旬 | 开花前 | 梨木虱、梨实蜂、梨茎蜂、星毛虫、梨蚜 | （1）上旬挂梨小食心虫迷向丝33根/亩。<br>（2）梨花序分离初期，全园细致喷一次1.8%阿维菌素2000倍液+10%吡虫啉2000倍液+5%己唑醇1200倍液，或喷0.3~0.5Be°石硫合剂；<br>（3）梨茎蜂危害重的梨园可挂黄色诱虫板诱杀，每亩挂20~30个。 |
| 5月上、中旬 | 落花后 | 梨大食心虫、梨茎蜂、黑星病 | （1）摘虫果、掰虫芽防治梨大食心虫；用性诱剂、糖醋液诱杀梨小食心虫；<br>（2）喷62.25%腈菌唑·代森锰锌可湿性粉剂600倍液+4.5%高效氯氰菊酯乳油1000倍液。 |
| 5月下旬~6月初 | 幼果期 | 梨黑星病、轮纹病、茶翅蝽 | 喷70%甲基托布津可湿性粉剂700倍液+30%噻虫嗪悬浮剂1500倍液 |
| 6月中、下旬 | | 红蜘蛛、梨木虱 | 喷8%阿维.哒乳油3000倍液或10%联苯菊酯乳油1500倍液 |
| 7月上中旬 | 果实速长期 | 梨黑星病、轮纹病、蚜虫 | 喷40%氟硅唑悬浮剂10000倍液+25%吡蚜酮悬浮剂1500倍液或20%啶虫脒8000倍液 |
| 7月下旬~8月中旬 | 果实膨大期 | 梨小食心虫、红蜘蛛、黑星病，白粉病 | （1）7月下旬梨小食心虫危害盛期，喷30%噻虫嗪悬浮剂1500倍液+24%螺螨酯悬浮剂3000倍液；<br>（2）红蜘蛛危害重的梨园8月中旬在主干绑诱虫带诱杀。 |
| 9月上旬~10月中旬 | 果实采收前后 | 梨黑星病、黄粉蚜 | （1）采收前20天喷70%甲基托布津可湿性粉剂700倍液+25%吡蚜酮悬浮剂1500倍液；<br>（2）中旬树干涂涂白剂防止害虫产卵，兼防病防寒。 |
| 11月 | 落叶期 | 梨病虫害 | 清除杂草、落叶、病果、枯枝，集中深埋。 |

　　注：甘肃省梨产区大多气候干燥，病虫害发生较轻，一般年份全年喷药4~6次就能达到理想的防治效果，各地可根据当地病虫害发生具体情况，选择最佳喷药次数。

# 梨树腐烂病

梨树腐烂病又称梨臭皮病，在我省各梨产区均有发生，且以冬季气候寒冷的河西产区发生较重。

###  1.症状识别

危害梨树主干、主枝、侧枝及小枝，有溃疡型和枝枯型两种症状类型。

溃疡型病皮外观初期红褐色，水渍状，稍隆起，用手按压有松软感，多呈椭圆形或不规则形，常渗出红褐色汁液，有酒糟气味。用刀削掉病皮表层，可见病皮内呈黄褐色，湿润、松软、糟烂。发病后期，表面密生小粒点。

枝枯型病部边缘界限不明显，蔓延迅速，无明显水渍状，很快枝条树皮腐烂，

造成上部枝条死亡，树叶变黄。病皮表面密生黑色小粒点（病菌子座），天气潮湿时，从中涌出淡黄色分生孢子角或灰白色分生孢子堆。

枝枯型

病部涌出淡黄色丝状物

###  2.发生规律

梨树腐烂病是一种弱寄生菌所致的侵

溃疡型病皮

染性病害，以分生孢子器在病残枝皮层中越冬。第二年春分生孢子器遇到降雨，吸水膨胀产生孢子角，通过雨水冲溅随风传播。病菌具有潜伏侵染特性病菌侵入树体后，通常不立即致病，而处于潜伏状态，以后致病与否，主要取决于寄主的抗病能力。当树体或局部组织衰弱时，腐烂病菌就会由潜伏状态转为致病状态而引起症状。

幼树主干及主枝基部涂白

 **3.综合防治**

（1）科学施肥浇水，增施有机肥，控制产量，增强树势是防治的重要环节。

（2）秋季梨树落叶后，及时进行枝干涂白，防止冻伤和日灼。

（3）春季梨树发芽前刮除病斑，刮治时要注意边缘光滑，刮到病斑以外0.5~1厘米处，呈梭形。刮后伤口涂抹甲硫萘乙酸原液，工具要进行严格消毒，并将落在于先铺好的塑料纸上的病残组织带出果园，集中烧毁，以防传播。

（4）春季萌芽前喷25%丙环唑微乳剂4000倍液，生长季可使用40%福星乳油8000倍液防治。

腐烂病斑刮治

涂抹甲硫萘乙酸

当年愈合情况

# 梨黑星病

梨黑星病又称疮痂病、雾病、黑霉病，在我省天水地区有少量发生。

 **1.症状识别**

梨黑星病能危害梨树的各种绿色幼嫩组织。叶片被害多在叶背主脉和支脉之间产生圆形或不规则形淡黄色小斑点，不久病斑上长出黑色至黑褐色霉状物，叶片正面出现黄褐色病斑。果实被害果面产生淡黄褐色圆形小病斑，扩大到5~10毫米后，条件合适时，病斑上长满黑色霉层，条件不适合时，病斑上不长霉层，病斑绿色。随着果实增大，病部渐凹陷，木栓化，龟裂。严重时，果实畸形，果面凸凹不平，病部果肉变硬，具苦味，果实易提早脱落。

 **2.发病规律**

病菌主要在芽鳞或芽基部的病斑上以菌丝形态越冬，次年梨树萌芽，病斑显症，并随新梢的生长迅速扩展，产生大量分生孢子。分生孢子主要随雨水传播。发病轻重取决于越冬菌的多少，当年降雨的早晚、雨日的多少和果园内的空气湿度以及品种的抗性。一般7~8月份。

 **3.综合防治**

（1）春季落花后，剪除病梢，冬季清除果园落叶和落果，深埋或烧毁。

（2）花后15天和7~8月份喷药防治，药剂可选用20%代森铵1000倍液、70%甲基托布津可湿粉1000倍液、12.5%烯唑醇可湿性粉剂2000倍液~3000倍液，喷药要求均匀、周到，使果面和叶片正反面都能着药。

梨黑星病危害叶片症状

梨黑星病危害枝条症状

# 梨轮纹病

梨轮纹病又称梨粗皮病、瘤皮病、轮纹烂果病，以天水、陇南等产区发生较重。

 **1.症状识别**

主要危害枝干和果实，其次是叶片。枝干发病以皮孔为中心形成灰褐色突起病瘤，表面生黑色小粒点，后期病健交界处龟裂。果实多在近成熟期或贮藏期发病，以皮孔为中心发生水渍状褐色近圆形的斑点，后逐渐扩大，形成深浅相间的褐色同心轮纹斑，病斑发展迅速，病果很快腐烂，并流出茶褐色黏液。叶片发病，多从叶尖上开始，产生不规则的褐色病斑，后逐渐变为灰白色，严重时，叶片提早脱落。

 **2.发病规律**

病菌以菌丝体、分生孢子器和子囊壳等形式在枝干病部越冬。翌年早春恢复活动，3月上旬分生孢子在下雨时散出，引起初次侵染，病菌主要靠雨水传播。老病斑在3月中旬开始扩展，4月上旬~5月上旬扩展速度较快。果实从5月上旬~8月上旬均可染病，病菌侵入后，潜育期长，一般至成熟后才陆续发病表现症状。西洋梨最感病，树势弱发病重。

 **3.综合防治**

（1）加强栽培管理，增施有机肥，提高树势，增强树体抗性。

（2）冬季认真做好清园工作，彻底清除枯枝落叶，并将被害病枝上的病斑及时刮除，再用5度石硫合剂或腐必清2倍液~3倍液消毒伤口，并将刮掉的组织及清除的枯枝落叶集中烧毁，以减少越冬病源。

（3）喷药保护。梨树发芽前喷布5度石硫合剂。梨树谢花后，视降雨情况并结合防治其他病害及时喷药，可选用的药剂有：50%多菌灵可湿性粉剂600倍液~800倍液，70%代森锰锌可湿性粉剂500倍液~600倍液等，并交替使用。

轮纹病危害叶片症状

轮纹病危害果实症状

轮纹病危害枝干症状

# 梨树黑胫病

梨树黑胫病又名梨疫病，梨干基湿腐病，河西走廊和中部地区危害严重，以灌溉区梨园最重。

 **1. 症状识别**

主要危害梨幼树，使主干基部皮层变褐坏死，造成全树生长衰弱，枝干枯死。病害首先在主干基部的嫁接口以上接穗部位发生。表现为皮层组织变黑褐色，渐及形成层。患病段干径变细，先呈水渍状，后干缩凹陷，形成环状坏死。病部向上渐次侵染蔓延，后期患部与健部产生裂痕。1~2年生病树当年即可出现枝叶萎蔫，全树死亡；3~5年生树，病程较慢，植株渐弱，叶小色淡，秋季变紫红色，早期脱落；果实生长滞缓，形成小僵果，2~3年后全株死亡。

梨树黑胫病发生要求较高温度，高湿是病害发生的主要条件。低洼水浇地，川水区土壤黏重，灌水多，积水等造成干基水湿条件的梨园以及栽植过深、嫁接口和干基接穗部埋入土中的植株均易发病。品种间以苹果梨病害严重，其次是锦丰、早酥、砀山酥、冬果梨等，而身不知梨、南果梨、茄梨等发病较轻。杜梨、木梨（酸梨）等砧木则高度抗病。

 **2. 综合防治**

（1）育苗选用杜梨、木梨(酸梨)等抗病性强的砧木，并实行高位（20~30厘米）嫁接，或采取砧木建园。

（2）实行露砧定植，栽植时砧木高出地面10~20厘米以上，切忌把嫁接口埋入土中。

（3）已栽植过深的苗木，要及早检查，扒开土壤，充分晾晒，并修防水圈或防水埝，采用渗透灌水法，避免树盘积水，清除树盘杂草，保持主干基部干燥。

（4）药剂治疗。要及早发现病株，将病斑轻刮死皮层，并纵割划道(间距0.5厘米)深达木质部，可选用杀菌剂：75%百菌清或75%代森锰锌等200倍液进行涂抹，稍干再涂2%腐殖酸硫酸铜。

发病植株叶片变红

发病植株嫁接部位坏死

# 梨白粉病

梨白粉病在我省各梨产区均有发生，以早酥梨、苹果梨发生较重，黄冠梨、巴梨发病较轻。

 **1. 症状识别**

梨白粉病主要危害梨树叶片。7~8月间发病叶片背面产生圆形或不规则形的白粉斑，并逐渐扩大，直至全叶背布满白色粉状物。9~10月间，当气温逐渐下降时，在白粉斑上形成很多黄褐色小粒点，后变为黑色。发病严重时，造成早期落叶。

 **2. 发病规律**

病菌以闭囊壳在病落叶上及黏附在枝梢上越冬，通过风雨传播。7月份开始发病、秋季为发病盛期，密植和树冠郁闷的梨园易发病、排水不良和偏施氮肥的梨园发病重，以早酥梨、苹果梨发生较重，黄冠梨、巴梨发病较轻。

 **3. 防治措施**

（1）清除病原：结合冬季修剪，剪除病枝、病芽。早春果树发芽时，及时摘除病芽、病梢。

（2）药剂防治：一般于花前及花后各喷一次杀菌剂。防治的有效地药剂有70%甲基托布津可湿性粉剂800倍液，10%苯醚甲环唑微乳剂1500倍液，%的戊唑醇倍液、10%己唑醇乳油3000倍液。

（3）在白粉病常年流行地区，应栽植抗病品种。

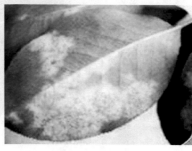

白粉病发病初期　　　　　白粉病发病中期　　　　　白粉病发病后期

# 梨锈病

梨锈病又称赤星病、羊胡子。在附近有桧柏等转主寄生植物栽植的梨园容易发生危害，严重时造成早期落叶。

 **1.症状识别**

主要危害梨树叶片和新梢，严重时也危害果实。幼叶发病初期病斑为黄色、橙黄色小圆点，一片叶可多达几十个，病斑逐渐扩大，呈圆形。病斑周围绿红色，中心黄色，叶正面病斑稍凹陷，病部增厚，背面稍鼓起，后期病斑正面密生黄色颗粒状小点，溢出黄色黏液，最后变黑色，病斑背面生出十几至几十条黄褐色似毛的管

状物，发病严重时果实畸形并早期脱落叶柄、果柄发病症状为病部橙黄色，膨大隆起呈纺锤形。

在梨树等寄主上产生性孢子器，在桧柏类等转主寄主上产生冬孢子角。病菌缺少夏孢子阶段，1年只能发病1次。病菌以多年生菌丝体在常见的桧柏等树上病组织中越冬。在4月中旬至5月上旬，春季温暖多雨，有利于病害流行。

 **2.综合防治**

（1）彻底铲除梨园周围5千米以内的桧柏、欧洲刺柏和龙柏类植物是防治梨锈

发病初期

发病后期

病的最根本方法。对不能砍除的桧柏类植物2月下旬至3月上旬剪除病枝并销毁，或喷1次5石硫合剂。

（2）在梨树萌芽期至展叶后25天内，即担孢子传播侵染的盛期喷药防治，隔10~15天再喷1次，药剂可选用20%粉锈宁乳油1500~2000倍液，或20%氟硅唑咪鲜胺800倍液，或0%氟硅唑1200倍液~1500倍液即可达到良好的防治效果。

# 梨黑斑病

梨黑斑病在气候潮湿的天水、陇南等地区发生较重，而中部及河西产区发生轻。

 **1. 症状识别**

主要危害梨果和叶片、新梢。叶片被害最先在嫩叶上产生圆形针尖大小黑色斑点，以后斑点逐渐扩大成近圆形或不规则形病斑中间灰白色，周缘黑褐色，病斑上有时稍显轮纹。潮湿时病斑表面密生黑色霉层。叶片上病斑较多时，常互相融合成不规则形大病斑，叶片畸形，容易早落。果实被害在果面上产生1至数个圆形针尖大小黑色斑点，逐渐扩大后呈近圆形或椭圆形，病斑略凹陷，表面密生黑霉。

 **2. 发病规律**

以分生孢子及菌丝体在病枝梢、病芽及芽鳞、病叶、病果上越冬。翌年春天产生分生孢子，借风雨传播。分生孢子在水膜中或空气湿度大时萌发，芽管穿破寄主表皮，或经过气孔、皮孔侵入寄主组织内，造成初次侵染发病，以后新老病斑上不断产生分生孢子，而造成多次再侵染、发病。

 **3. 综合防治**

（1）合理施肥，增强树势，提高抗病能力。低洼果园雨季及时排水。重病树要重剪，以增进通风透光，选栽抗病力强的

梨黑斑病危害叶片症状

梨黑斑病危害果实症状

品种。发芽前喷波美5度石硫合剂混合药液，铲除树上越冬病菌。

（2）5月上中旬开始第一次喷药，15~20天1次，连喷2~3次。常用药剂有：50%扑海因可湿性粉剂、10%多氧霉素1000倍液~1500倍液对黑斑病效果最好，75%百菌清、65%代森锌、80%大生M-45等也有一定效果。为了延缓抗药菌的产生，异菌脲和多氧霉素应与其他药剂交替使用。

# 梨褐斑病

梨褐斑病又称梨斑枯病、白星病，主要在天水、陇南等地区发生较重。

## 1.症状识别

梨褐斑病主要危害梨树叶片。在叶片上产生圆形或近圆形褐色小斑点，以后逐渐扩大，边缘明显，病斑中间变成灰白色，周围褐色，外围为黑色，病斑上密生小黑点，为病菌的分生孢子器。1片叶上的病斑少则几个，多则达一二十个，后期常扩大互相融合，成为不规则形褐色干枯大斑，易穿孔并引起早期落叶。

## 2.发病规律

以分生孢子器及子囊先在落叶的病斑上过冬，翌春分生孢子和子囊孢子经风雨传播，附在新叶上，环境适宜时发芽侵人，引起初侵染，在梨树生长期，产生分生孢子，通过风雨传播再断努崩病菌进行多次再侵染，造成叶片不断发病。5~7月份多雨、潮湿，发病重。树势衰弱、排水不良的梨园发病重。重病园5月下旬开始落叶，7月中下旬落叶最多。

## 3.综合防治

（1）早春发芽前，结合梨锈病防治，喷布150倍石灰倍量式波尔多液(硫酸铜1份，生石灰2份，水150份)。

（2）落花后，病害初发期，在雨水多有利于病害发生时，再喷药1次，喷布70%甲基硫菌灵可湿性粉剂800倍液~1000倍液，或50%多菌灵可湿性粉剂600倍液~800倍液，或65%代森林可湿性粉剂600倍液。其中重点为落花后的一次喷药，以后结合防治其他病害进行兼治。

梨褐斑病叶

# 梨褐腐病

梨褐斑病又称梨菌核病，天水、陇南、平凉、定西等地均有发生。

 **1.症状识别**

主要危害果实。发病初期在梨果表面产生褐色圆形水渍状小斑点，扩大后病斑中央长出灰白色至褐色绒状霉层，呈同心轮纹状排列，果肉疏松，略具韧性，病害扩展很快，1周左右可致全果腐烂，后期病果失水干缩，成为黑色僵果，大多早期脱落，也有个别残留在树上，贮藏期果实受害，病果呈特殊的蓝黑色斑块。

 **2.发病规律**

病菌主要以菌丝团在病果上越冬。翌年产生分生孢子，由风雨传播，经伤口或果实皮孔侵入，潜伏期5~10天。在果实贮藏期病菌通过接触传播，由碰压伤口侵入，迅速蔓延。发病温度为0℃~25℃，高温高湿有利于病菌繁殖和发育。果园管理粗放，果实近成熟时，多雨、湿度大、采摘后果面碰压伤多，有利于发病。

梨褐腐病

 **3.综合防治**

（1）花芽露白期喷波美5度石硫合剂。

（2）花后及果实成熟前喷50%苯菌灵可湿性粉剂800倍液或53.8%可杀得微粒可湿性粉剂500倍液。

（3）贮藏果库、果框、果箱等贮果用具，用50%多菌灵可湿性粉剂300倍液喷洒消毒，然后用一氧化硫熏蒸，20~25克/立方米硫黄密闭熏48小时。

# 梨树黄化病

梨树黄化病又称缺铁失绿症，该病属缺铁性生理病害，沿黄灌区及河西地区梨园发生较重。

 **1. 症状识别**

树体发病初期，叶片微黄，叶脉保持绿色，叶面呈绿色网纹，出现失绿症状。随着病害加重，叶片失绿加重，致叶片完全变为黄白色，并失去光合作用的能力。叶片小而薄，伴有叶缘焦枯及落叶现象；果个小，失绿，树势明显衰弱。

 **2. 发生规律**

梨园土壤pH值高、高重碳酸盐、高磷和含有较多金属离子(锰、铜、锌、钾、钙、镁)等情况，都可以影响树体对铁的吸收，从而引起缺铁。铁在树体内流动性较小，不能被再利用。所以缺铁早期，幼叶表现症状更为明显，此时老叶还可保持绿色。石灰质土壤、富锰的土壤和重金属含量高的酸性土壤，通常容易发生缺铁，土壤排水不良、湿度过高、温度过高或过低、缺氧、存在真菌或线虫为害等，也可造成缺铁或症状加重。新梢速生期为黄化症迅速发生期，新梢完全停长期为缺铁黄化症的发病高峰期。

 **3. 综合防治**

（1）结合秋季施有机肥每亩施1方糠醛渣，50千克腐殖酸铵改良土壤，降低土壤pH。

（2）对黄化严重的树进行标记，入冬前用"光泰"果树营养注射肥梨树专用注射液矫正治疗，可取得良好效果。

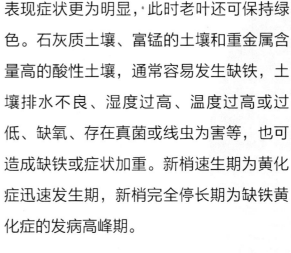

梨树叶片缺铁黄化

叶片缺铁坏死

梨树叶片缺铁黄化典型症状

（3）5月份，当发现梨树幼叶黄化，及时喷螯合态铁肥或岭石叶面铁肥，连喷　2~3次，黄化叶片可逐渐变绿，恢复正常。

**黄化病矫治**

# 梨果实花斑病

梨果实花斑病属缺钙引起梨果皮衰败发生的生理性病害，在黄冠、砀山酥、雪青等品种上有发生，果实套袋、成熟期遇降雨低温天气该病害发生严重。

 **1. 症状识别**

黄冠梨成熟前后果面出现不规则的凹陷褐斑，严重者褐斑凹陷连成一片，形似"鸡爪"（河北果农俗称"鸡爪病"）。该病围绕果实气孔周围发病，开始在皮孔的周围出现褐色斑点，然后沿皮孔周边细胞向外迅速扩展，形成不规则弯曲褐色纹理，当围绕皮孔一周时，便形成中心（即皮孔）颜色浅淡、四周浓重的不规则褐色

斑，当多个病斑连在一起时，则形成较大的不规则形斑块。发病轻微或发病初期一般为不规则弯曲且类似鸡爪形的褐色纹理。病斑随时间推移，颜色由浅变深并伴随轻微凹陷。鸡爪病发病迅速时，几乎是数个甚至数十个病斑同时在果实的不同部位发生，形成病斑大小不一、形状不定、分布无规律的纹理、斑点和斑块，只危害果皮，而果肉正常。

 **2. 综合防治**

（1）增施有机肥，控制灌水，合理负载，减少氮肥用量，提高树体抗性。

（2）适度推迟套袋时间，落花后30

套袋黄冠梨发病

未套袋黄冠梨发病

天开始套袋，20天内套完，增加果皮在自然环境下的暴露时间,促进果皮发育及老化,增强果皮对不良环境的适应能力。

（3）5月下旬幼果期喷氨基酸钙1000倍液、CA2000钙宝700倍液或康朴液钙1000倍液连喷两次，可有效降低果实花斑病发病率。

# 梨小食心虫

梨小食心虫又称梨小蛀果蛾、桃折梢虫、东方蛀果蛾，俗称"梨小"，在我省各梨产区均有分布。

### 1.危害症状

梨小食心虫主要危害梨果实，以膨大后的果实受害较重。果实被害后，被害果蛀孔很小，周围稍有凹陷，但不变绿色。幼虫蛀果后，先在果肉浅层危害，逐渐向果心蛀入，在果核周围蛀食，并排粪于其中，形成。"豆沙馅"。有时果面有虫粪排出。被害果后期有脱果孔，其周围变黑腐烂，果实易脱落，不耐贮藏。

### 2.形态特征

成虫：体长5~7毫米，灰褐色无光泽，前翅约有10条白色斜短纹，但不及苹果小食心虫明显，翅中央有一小白点。

幼虫：体长10~13毫米，头、前胸盾、臀板均为黄褐色。胸腹部淡红色或粉色，臀栉4~7节，齿深褐色。

卵：长0.5毫米，椭圆形，稍扁、黄白色、孵化前变黑褐色。

### 3.发生规律

在梨桃混栽的果园，前期发生的幼虫主要危害桃树的新梢，后期发生的幼虫主要危害梨果。故在梨桃混栽或毗邻的果园，梨小食心虫发生严重。在单植梨园，由于梨幼果期果实中石细胞多，果肉硬，幼虫不易蛀入，故果实受害很轻，到果实膨大期，梨果肉变软，幼虫易蛀人，故果

梨小食心虫成虫

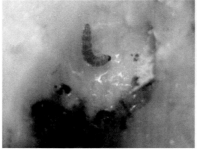

梨小食心虫幼虫

梨小食心虫危害果实

实受害较重。

### 4. 综合防治

（1）建园时，避免将桃树和梨树混栽，以杜绝梨小食心虫交替为害。

（2）做好清园工作，在冬季或早春刮掉树上的老皮，集中烧毁，清除越冬幼虫。越冬幼虫脱果前，可在树枝、树干上绑草把，诱集越冬幼虫，于翌年春季出蛰前取下草把烧毁。

（3）果园内设黑光灯或挂糖醋罐诱杀成虫，糖醋液的比例是红糖5份、酒5份、醋20份、水80份。

（4）每亩悬挂长效迷向丝33根，干扰成虫交配，达到防治效果。也可用性诱捕器和农药诱杀，一般每亩地挂15个性诱捕器，虫口密度高时，要先喷一遍长效专用杀虫剂然后再挂。

（5）药剂防治。在成虫高峰期及时用药，药剂可用4.5%的阿维菌素乳油5000倍液或25%的蛾螨灵3000倍液等。

梨小迷向丝

三角诱捕器

水盆式诱捕器

# 梨大食心虫

梨大食心虫又称梨云翅斑螟，在我省各产区均有发生。

 **1.危害症状**

幼虫主要危害梨芽和果实。梨花芽被害后，在基部出现一个很小的蛀孔，蛀孔外有褐色粒状虫粪。幼虫潜伏其中，结灰白色薄茧越冬。被害芽瘦小干缩，越冬后大部分枯死。翌春花芽开始萌动时，幼虫出蛰，转移到健康芽上危害，从芽基部蛀入，并留有蛀孔，幼虫吐丝缠缀芽鳞片。被害芽鳞片不脱落，严重者花凋萎枯死。

梨树落花后，幼虫转移到果实上危害。幼果被害后干缩变黑，不久即脱落。稍大的幼果被害后，幼虫在果柄基部吐丝，将果柄牢固地缠在果台上。虫果干缩变黑，不脱落。幼虫在果内化蛹。成虫羽化后，在果顶部留有较大的羽化孔。膨大的果实被害后，蛀果孔周围变黑腐烂。

 **2.形态特征**

成虫体长10~15毫米，全体暗灰色，稍带紫色光泽。距翅基2/5处和距翅端1/5处，各有一条灰白色横带，嵌有紫褐色的边，两横带之间，靠前处有一灰色肾形条纹。

幼虫体长17~20毫米，头、前胸盾、臀板黑褐色，胸腹部的背面暗绿褐色，无臀栉。

蛹体长10~13毫米，端有钩状刺突。

 **3.发生规律**

梨大食心虫在我省一年发生2代。以幼虫在梨芽中结白色小茧越冬，翌年春梨

梨大食心虫危害状

梨大食心虫

蛹梨大食心虫幼虫

花芽露绿时，越冬幼虫开始出蛰，幼虫出蛰后7~10天进入转芽盛期。开花后，当梨果长到拇指大时(5月中旬)开始转入幼果为害，5月下旬~6月中旬在果内化蛹，6月下旬成虫出现，将卵产于果实萼洼、芽腋处。幼虫孵化后，先为害当年芽，然后再为害果。第二次成虫在7月下旬~8月中旬羽化，卵几乎都产在芽旁，幼虫多数在芽内为害一段时间后越冬。

梨大食心虫的发生量与气候关系很大，如成虫发生期多雨、湿度大，则发生严重，干旱年份则发生轻。

### 4. 防治要点

（1）冬季修剪时剪除被害芽。鳞片脱落期用竹棍轻敲梨枝，鳞片振而不落的即为被害芽，应及时掰去。

（2）5月中旬以前彻底摘除虫果。由于幼虫转果时间不整齐，应连续摘虫果二三次，并在成虫羽化以前完成，黄河故道地区应在麦收前全部摘完。

（3）药剂防治。越冬幼虫出蛰转芽期，喷4.5%高效氯氰菊酯乳油2500倍液，此期是全年药剂防治的关健时期；在转果期可喷布2.5%敌杀死乳油2500倍液或2.5%功夫乳油4000倍液，此次喷药，防治效果不如转芽期高，只是弥补转芽期防治的不足，如转芽期防治得好，这时可不必再施药。

# 桃小食心虫

又称桃蛀果蛾，在我省天水、兰州等桃梨混栽产区梨园有发生。

 **1.危害症状**

以幼虫蛀果危害。果实被害后，在果面出现针头大小的蛀果孔，由此流出泪珠状汁液，汁液干后呈白色蜡状物，蛀孔变褐呈点状，稍凹陷，周围变绿。幼虫在果内串食，虫粪留在果内。果实内呈"豆沙馅"状。被害果生长发育不良，常变成僵黄色，果形稍有变化。后期被害的果实，果形变化不大，但易脱落。老熟幼虫由果中脱出。脱果孔常有少量虫粪，并由丝相连。

 **2.形态特征**

成虫体长约7毫米，灰褐色。触角丝状。雌虫下唇须较长，向前伸直。雄虫下唇须短小，向上弯曲。前翅近中部靠前缘有1个蓝黑色近似三角形的大斑。后翅灰色。

卵椭圆形，长约0.4毫米。初产时橙黄色，渐变为深红褐色。

幼虫初孵幼虫黄白色。老熟幼虫桃红色，腹面色较淡，头和前胸背板褐色或暗褐色。

蛹长约7毫米，黄白色至黄褐色，羽化前变为灰黑色。

跳小食心虫危害梨幼果

桃小食心虫

茧分冬茧和夏茧。冬茧圆形，夏茧纺锤形，茧表面黏有土粒。

 **3.发生规律**

桃小食心虫在我省每年发生1代。以老熟幼虫在土中越冬，大部分幼虫分布在3~5厘米深的土层内。越冬幼虫出土受降雨的影响很大，一般在降雨后，幼虫会连续出土，在连续干旱情况下，幼虫出土受到限制幼虫脱果后吐丝下垂，坠落地面，寻找适当场所入土做茧越冬。

 **4.防治要点**

（1）深冬翻耕埋茧可结合秋季开沟施肥，把树干周围1米以内、树盘下深10厘米以上含有越冬虫茧的表土，填入施肥沟内埋掉或把根际附近土壤拨开，使越冬茧暴露地面而死；也可在越冬幼虫连续出土时期，在树干周围1米内压实土壤4~7厘米，使结夏茧幼虫和蛹窒息死亡。

（2）树盘药剂处理当越冬幼虫连续出土3~5天，且出土数量逐日增加，达到出土盛期时，可将25%辛硫磷胶囊剂与细土混合撒在树干周围，也可使用白僵菌、绿僵菌结合化学药剂处理，可有效杀死出土幼虫、蛹及刚羽化的成虫。

（3）树上药剂防治利用性诱剂诱捕器，当诱到桃小食心虫成虫，卵果率达1%~2%时，应立即喷药，可选的药剂有20%灭扫利(甲氰菊酯)乳油2000倍液，25%灭幼脲3号悬浮剂1000倍液。

# 中国梨木虱

中国梨木虱又称梨木虱，在我省各梨产区均有分布。

 **1.危害症状**

梨木虱主要以若虫刺吸叶片汁液，也可危害果实。若虫多在叶片背面危害，常分泌黏液将2片或几片叶黏在一起。叶片受害后叶脉扭曲，叶面皱缩，产生黑斑，严重时叶片变黑，提早脱落。危害果实的若虫分泌黏液，使果实表面出现霉污。

 **2.形态特征**

成虫有冬型和夏型两种类型。冬型成虫体长2.8~3.2毫米，灰褐色。前翅后缘臀区有明显褐斑。夏型成虫体长2.3~2.9毫米，黄绿色。翅上无斑纹。胸部背面有4条红黄色或黄色的纵条纹。静止时翅呈屋脊状覆盖于身体上。

卵长椭圆形，一端圆钝，另一端稍尖，并延伸出1根长丝。

受害叶片

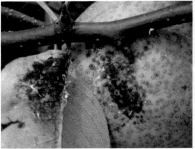

果面出现霉污

越冬代梨木虱出茧

梨木虱冬型成虫

梨木虱夏型成虫

梨木虱若虫

若虫初孵呈扁椭圆形，淡黄色，复眼红色。3龄以后在胸部两侧出现翅芽。

 **3.发生规律**

一年发生3~4代，以冬型成虫在树皮裂缝、落叶、杂草及土缝中越冬。3月中下旬，越冬代成虫开始大量出蛰，交尾后在短果枝的叶痕上产卵，梨盛花期为卵孵化盛期。若虫孵化后多在嫩叶上危害，并逐渐分泌大量黏液将自身包被其中。5月中旬出现第一代成虫。成虫活泼善跳，产卵在叶片锯齿间或叶柄沟内。若虫孵化后继续危害叶片，其分泌的黏液常将几片叶粘在一起。若虫潜伏其中危害，有时1片叶上有几头若虫。第二代成虫发生期在6月中旬至7月下旬，第三代在7月中旬至9月上旬。梨木虱的发生与危害程度与每年的降雨有很大关系，多雨年份梨木虱发生轻，干旱年份梨木虱常常大发生。

 **4.综合防治**

（1）冬季刮粗皮、扫落叶、消灭越冬虫源。

（2）3月中下旬越冬成虫出蛰盛期喷药，可选用1.8%阿维菌素乳油2000倍液~3000倍液+4.5%高效氯氰菊酯1000倍液等。

（3）在第一代若虫发生期（约谢花3／4时）、第二代卵孵化盛期（5月中旬前后）喷药防治，可选用的药剂有：10%吡虫啉可湿性粉剂3000倍液，8%阿维·哒乳油3000倍液、15%阿维·毒乳油2000倍液等。

# 梨茎蜂

梨茎蜂又称折梢虫、剪枝虫、剪头虫是危害梨树的一类重要害虫，在我省各产区均有发生。

梨茎蜂成虫在梨树落花期先用锯状产卵器在新梢下部3~4厘米处将上部嫩梢不完全锯断，仅留一边皮层，断梢暂时不落，萎蔫干枯，幼虫孵化后沿皮层向下蛀食，受害嫩枝渐渐变黑、干枯，枯枝内充满虫粪。

## 1.危害症状

梨茎蜂主要危害梨树嫩梢和二年生枝条。当新梢生长至6~7厘米时，成虫用锯状产卵器将新梢顶端锯断，仅剩皮层与枝相连，新梢萎蔫下垂，不久干枯脱落，形

成枝橛。成虫在断梢部位以下约1厘米处产卵于皮层组织内，外表留下明显的小黑点。幼虫在被害梢内蛀食，受害嫩枝渐渐变黑、干枯，枯枝内充满虫粪。

## 2.形态特征

成虫体长9~10毫米，细长、黑色。前胸后缘两侧、翅基、后胸后部和足均为黄色。翅淡黄、半透明。雌虫腹部内有锯状产卵器。卵长约1毫米，椭圆形，稍弯曲，乳白色、半透明。

幼虫长约10毫米，初孵化时白色渐变淡黄色。头黄褐色。尾部上翘，形似"~"形。

梨茎蜂为害新梢状

枝条新梢连续受到为害

蛹长约10毫米，白色，离蛹，羽化前变黑色，复眼红色。

 ### 3.发生规律

梨茎蜂1年发生1代，以老熟幼虫或蛹在一年生枝条内越冬，当梨新梢生长到6厘米以上时，成虫开始产卵，成虫产卵期比较集中，一般为4~5天。成虫产卵时用锯状产卵器将嫩梢锯断，将产卵器插入断口下方韧皮部和木质部之间产卵1粒。卵期约10天，幼虫于4月中下旬孵化。幼虫沿新梢髓部向下蛀食，将粪便排泄于蛀道内。约在5月下旬，幼虫蛀食到2年生枝条附近，6月中旬几乎全部蛀食到二年生枝内。此时幼虫已经老熟，调转身体，头部向上，做茧休眠。

 ### 4.综合防治

（1）冬季结合修剪，剪除被害枯枝，或用铁丝插入被害的二年生枝内，刺死幼虫或蛹，减少越冬虫源。

（2）未开花结果的幼龄梨园，可在成虫盛发期喷药防治，药剂可选用2.5%敌杀死（溴氰菊酯）乳油2000倍液或20%灭扫利（甲氰菊酯）乳油2000倍液，48%乐斯本乳油2000倍液。

（3）结果梨园在梨树盛花期，每亩均匀挂设黄色诱虫板20~30块，悬挂于树干外围，距地面1.5米左右高的枝干上诱杀梨茎蜂成虫；梨茎蜂危害结束后，成虫产卵结束后，及时剪除被害新梢，应在断口下1厘米处剪除，以消灭虫卵。

梨茎蜂幼虫

梨茎蜂蛹

梨茎蜂成虫

# 苹果蠹蛾

苹果蠹蛾又称苹果小卷蛾，在我省河西地区有发生。

##  1.危害症状

苹果蠹蛾以幼虫蛀果为害，主要取食果肉及种子，有时果面仅留一小点伤疤，多数受害果面虫孔累累，幼虫入果后直接向果心蛀食，横穿果肉形成"豆沙馅"。果实被害后，蛀孔外部逐渐有褐色虫粪排出，堆积于果面上，以丝连成串，挂在蛀果孔之下，为害严重时造成大量落果，早、中熟品种落果较重，晚熟品种落果较轻。被蛀后所排出虫粪为黑色，并伴有果胶流出。

##  2.形态特征

成虫体长8毫米，体灰褐色而具紫色光泽，前翅臀角处的肛上纹呈深褐色椭圆形，有3条青铜色条斑。翅基部色较浅，其外缘略呈三角形，有较深的波状纹。后翅褐色，基部颜色较淡。卵椭圆形，扁平，中央略凸出。

幼虫初龄为黄白色。成熟幼虫体长14~18毫米，头黄褐色，体呈红色。

##  3.发生规律

苹果蠹蛾在张掖地区1年发生2代和一个不完整的第3代。4月上旬越冬幼虫

近孵化的卵

在翘皮结茧的老熟幼虫

羽化的苹果蠹蛾成虫

陆续开始化蛹，5月上旬为化蛹盛期，5月中旬为越冬代成虫羽化高峰期，5月中下旬1代幼虫开始蛀果为害，6月中旬1代老熟幼虫开始脱果，6月下旬为脱果盛期，幼虫脱果后在树皮裂缝中、翘皮下及树洞中结茧化蛹，但有极少部分老熟幼虫结茧越夏。7月上旬开始出现1代成虫，7月中旬2代幼虫孵化蛀果，取食为害到8月上旬脱果，寻找适宜的越冬场所结茧越冬；极少部分幼虫，脱果后在树皮裂缝、翘皮下、树洞中作茧化蛹，并于8月中旬至9月上中旬羽化，交尾产卵，9月中下旬孵化出不完整第3代。

 **3.综合防治**

（1）人工防治：摘除虫果果树。生长季节及时摘除虫果深埋，可有效降低多口数量，减轻后期为害。

（2）化学防治：当诱捕器监测到越冬代羽化高峰，10~14天后为卵孵化高峰，此时为药剂防治的最佳时间。采用2.5%敌杀死乳油3000倍液~4000倍液，10%氯氰菊酯乳油3000倍液，10%天王星乳油6000倍液~8000倍液，10%蚍虫啉可湿性粉剂2000倍液。

（3）物理防治：8月中旬，用宽15~20厘米的瓦楞纸或粗麻布绑缚果树主干，诱集苹果蠹蛾越冬代老熟幼虫。10月份果实采收之后结合冬前田间管理，取下绑缚材料进行销毁。

# 梨实蜂

梨实蜂又称白蜘蛛花钻子、白钻虫。在我省景泰、兰州等产区有发生。

 **1.危害症状**

梨实蜂成虫产卵在花萼内，产卵处呈小黑点状。幼虫在花萼基部串食，被害处变黑。幼果被害初期，被害处亦变黑，被害后期，被害处凹陷，以后干枯变黑，以致脱落。

 **形态特征**

成虫体长4~4.5毫米，翅展9~11毫米，黑色，有金属光泽。雌虫腹面末端中央呈沟状，产卵器黄褐色。雄虫腹部末端的交尾器为黑色。

梨实蜂为害

卵长椭圆形，长约0.8毫米，白色。初产时色淡，后变为灰白色。

幼虫老熟后体长约9毫米，淡黄白色，头呈半球形，黄褐色。胸足3对，腹足7对。

裸蛹，长约4毫米，白色。复眼黑色。蛹外脊有椭圆形茧，黑褐色，表面黏有土粒。

 **2.发生规律**

一年发生一代。专性滞育，以老熟幼虫在土层内做茧越冬。4月中旬化蛹，蛹期7天左右。成虫发生期4月中至5月上旬，白天活动，有假死习性。成虫产卵期一般7~8天，卵期5~6天，幼虫孵化后在花萼基部里面取食，以后逐渐转入幼果中心。幼虫危害期约半个月，老熟后从果中脱出，落地入土做茧，进入休眠。

 **3.防治要点**

（1）农业防治：3月下旬，梨园树行内覆盖黑色地膜，能有效防止梨实蜂成虫出土为害。成虫为害期，清晨在树下铺一块单布，利用成虫的假死性，振动枝干使其跌落布单上。

（2）化学防治：于梨树开花前10~15天，用辛硫磷微胶囊剂，毒死蜱乳油，或者辛硫磷乳剂，喷洒于树冠下范围内。

# 梨锈壁虱

梨锈壁虱又称梨叶锈螨，主要为害梨幼树新梢。

## 1.为害症状

梨树不同品种受害无明显差异，常常以若螨、成螨群集在梨树新梢嫩叶背面吸取汁液，造成被害叶叶缘向下微卷，叶色开始从叶背面变成褐色，继而叶片变厚、变脆，最后全叶变成黑褐色。严重时，叶片提早脱落，新梢绒毛增生，呈黄色，枝梢顶部叶片全部脱落。

梨锈壁虱为害叶

## 2.形态特征

卵极小，圆球形，乳白色，透明，近成熟时呈淡黄白色。

若螨形似成螨，单体型较小。腹部光滑，环纹不明显。尾端尖细，足2对。1龄若螨淡白色，2龄若螨淡黄白色，胸部颜色比腹部略深。

成螨体长0.2毫米左右，橙红色至棕红色，体前端稍宽，向后渐细，呈胡萝卜形。雌性腹部稍膨大，雄性腹部尖削，个体比雌性略小。

## 3.发生规律

梨叶锈螨1年发生8~10代，世代重叠。主要以成虫在芽腋鳞片内过冬。次年梨萌芽开绽时出蛰活动，梨树展叶后转移至叶背面为害，5月中旬梨树新梢上出现零星被害叶。6月初至6月下旬为全年为害盛期，此时该螨分散至幼嫩梢叶上，以叶背主脉附近最多，7月份被害梨树叶片逐渐脱落。

**4.防治要点**

（1）农业防治：加强水肥管理，增施磷、钾肥以增强树势，提高抗虫能力。

（2）化学防治采果后及翌年花芽膨大期喷药。花芽膨大期喷3~5Be° 石硫合剂。5~6月份为关键防治时期，当田间开始出现锈色梨叶时及时喷药，有效药剂有15%哒螨灵2000倍液~3000倍液，主要喷叶片背部。

# 大青叶蝉

大青叶蝉又称大绿浮尘子、青跳蝉，在我省各产区均有为害。

## 1.危害症状

成虫用产卵器刺破枝条表皮，产卵处呈月牙状翘起。卵粒排列整齐。被害严重时，枝条遍体鳞伤。经冬季低温和春季干旱，枝条失水，导致抽条。1~3年生枝条受害较重。

## 2.形态特征

成虫体长 7.5~10 毫米，头黄褐色，头顶有2个黑点，触角刚毛状。前胸前缘黄绿色，其余部分深绿色。前翅绿色，革质，尖端透明。后翅黑褐色，折叠于前翅下面。身体腹面和足黄色。

卵长卵形，稍弯曲，长约1.6毫米，乳白色。若虫幼龄时若虫体灰白色。3龄

大青叶蝉为害状

梨幼园套种油菜后大青叶蝉大量发生

大青叶蝉成虫

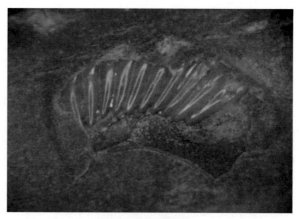

大青叶蝉的卵

以后变为黄绿色，出现翅芽。老龄若虫似成虫，但无翅，体长约7毫米。

**3. 发生规律**

一年发生3代，以卵在树体枝条的表皮下越冬。来年4月卵孵化，若虫到杂草或蔬菜等多种寄主上群聚生活。5~6月发生1代成虫，7~8月发生2代成虫。8月以后发生3代若虫，该代多在地瓜、白菜等十字花科蔬菜为害，9月中下旬发生3代成虫。10月份成虫迁至果园中，在果树枝条上产卵越冬。靠近地瓜地、白菜地、河滩地的果园，以及果园中杂草丛生受害较重，反之较轻。

**4. 防治要点**

（1）幼树园尽量避免间作大白菜、萝卜、胡萝卜、甘薯等多汁晚熟作物，并清除杂草。

（2）在成虫产卵（10月中旬）之前，在枝干上涂抹石灰水，可阻止成虫产卵。

（3）在成虫产卵期喷药防治，可使用10%氯氰菊酯乳油2000倍液~3000倍液、20%灭多威乳油1000倍液~1500倍液、40%乙酰甲胺磷乳油1000倍液、10%吡虫啉可湿性粉剂4000倍液~5000倍液喷雾。

# 山楂叶螨

山楂叶螨又称山楂红蜘蛛。

山楂叶螨只在叶片的背面为害，主要集中在叶脉两侧。叶片受害后，在叶片正面叶脉周围出现较大的黄色失绿斑点。当虫口数量较多时，在叶片上吐丝结网，叶片受害后容易脱落。群集叶背拉丝结网，于网下取食叶片汁液。

成螨。雌成螨椭圆形深红色。体背前端稍隆起，后部有横向的去皮纹。刚毛较长，基部无瘤状突起。足4对，淡黄色。雄成螨末端尖削，初期浅黄绿色，后变为浅绿色，体背两侧各有1个大黑斑。

幼螨和若螨。幼螨初孵化时为圆形，黄白色，取食后星淡绿色，3对足。若螨4对足，前期体背开始出现刚毛，两侧逐渐出现明显的黑绿色斑纹。

 **3.发生规律**

山楂叶螨1年发生6~10代，以受精雌成螨在果树主干、主枝的翘皮下或缝隙内越冬。在果树萌芽期，越冬雌成螨开始出蛰，梨盛花期是出蛰盛期。出蛰后的雌成螨爬到花芽上取食为害。4月下旬为产卵盛期，5月中旬为幼螨孵化盛期，以后各代出现世代重叠现象。6~7月份高温干旱的季节适于叶螨发生，为全年危害高峰期。一般在9月上旬至9月中旬就有越冬型炼成螨发生，到10月份，害螨几乎全

雌成螨

雄成螨

卵

部进入越冬场所越冬。

 **4.防治要点**

（1）9月份以前，在幼树主干上，老树三大主枝或侧枝上绑草把，可减少山楂叶螨的越冬量。解草把的时间视草把内天敌的多少而定，如天敌多，可在出蛰以前(2~3月份)解下，放在背风向阳处，让天敌自然飞走再烧掉，如天敌少，在春季前后解下立即烧掉，以达到灭害保益的目的。

（2）细刮皮，对山楂叶螨越冬基数大的果园要进行精细刮皮，以消灭越冬山楂叶螨，刮下的树皮及越冬害螨的处理和草把的处理相同。

（3）不用高毒和剧毒农药，尽量减少喷药次数，可释放捕食螨。萌芽期药剂防治常用50%硫悬浮剂200倍液~400倍液。

# 二斑叶螨

二斑叶螨又称白蜘蛛。

 **1.为害症状**

二斑叶螨以成螨和若螨危害叶片。被害叶片初期仅在中脉附近出现灰白色或枯黄色细小的失绿斑点，以后逐渐扩大，出现大面积失绿斑，叶片呈焦烟状。虫口密度大时，叶螨可吐丝拉网，受害严重的叶片枯黄，提前脱落，甚至造成植株死亡。

 **2.形态特征**

成螨。雌成螨椭圆形，灰绿色或黄绿色，体背两侧各有1个褐色斑块。越冬型雌成螨体色为橘红色，褐斑消失。

雄成螨体呈菱形，黄绿色或淡黄色。卵圆球形，黄白色。孵化前出现2个红色眼点。

幼螨和若螨。幼螨半球形，黄白色，复眼红色。若螨椭圆形，灰绿色。

 **3.发生规律**

在黄河故道地区每年可发生10多代，该螨以受精的越冬型雌成螨主要在地面土缝中越冬。翌年春天平均气温上升到10℃左右时，越冬雌成螨开始出蛰。近麦收时才开始上树危害，上树后先集中在内膛危害，6月下旬开始扩散。一般在10月上旬开始出现越冬型成螨。

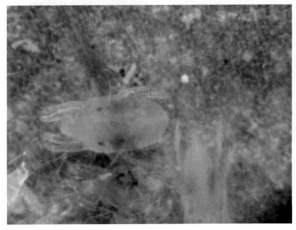

**4.防治要点**

（1）农业防治：8月下旬，在梨树主干上绑瓦楞纸诱虫带，诱集树上二斑叶螨在诱虫带内越冬，翌年元月解绑诱虫带集中烧毁。

（2）二斑叶螨的抗药性高，因此应在发生早期喷药防治，在田间当大发生前可使用15%哒螨酮（灵）乳油3000倍液、5%霸螨灵（唑螨酯）悬浮剂3000倍液、10%除尽（溴虫腈）乳油3000倍液、1.8%阿维菌素乳油4000倍液、20%灭扫利（甲氰菊酯）乳油1500倍液等。

# 苹果全爪螨

 **1.为害症状**

该螨在叶片的正反面均可为害，以反面为主。为害初期，首先在叶片正面出现白色、小型、分布均匀的褪绿斑点，后期造成叶片背面焦糊状。不在叶片上吐丝结网，但密度大时，可吐丝下垂，借此可进行扩散和迁移。

 **2.形态特征**

雌成螨体红色，半卵圆形。背毛粗，着生在黄白色粗大的毛瘤上。爪间突坚爪状，爪间突下具垂直的刺毛。

雄成螨体橘红色，体末端尖削。

卵葱头形，圆形稍扁，顶端具一短柄。夏卵橘红色，冬卵深红色。

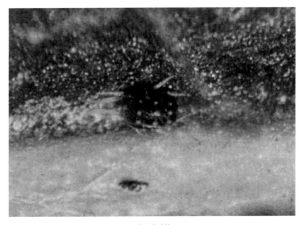

雌成螨

 **3.发生规律**

苹果全爪螨在我国北方果区一年发生7~9代。以冬卵在短果枝、果苔和2年生以上的小枝条分杈、叶痕、芽轮及粗皮等处越冬。翌年4月中下旬苹果花蕾膨大期（平均温度10℃左右）越冬卵开始孵化，盛花期为孵化盛期，花末期孵化结束。一代幼虫在叶丛、枝条基部的叶片叶面活动取食。5月中旬出现一代成虫，并在叶背面主脉两侧或靠近叶柄处或叶面主脉凹陷处产卵。卵期9~10天。二代幼螨、若螨分散到全树进行为害，6月上旬为二代成虫发生盛期，之后虫态混杂。

在麦收前，种群数量会急剧增加，在7月的上中旬达到年中高峰，在7月底至

叶痕芽轮处的越冬卵

8月上旬种群数量又会迅速下降。猖獗发生期是苹果全爪螨的主要为害期，8月份后，种群数量维持一个较低的密度，并一直保持至越冬。10月中下旬后，产卵越冬。

 4.防治要点

（1）药剂防治时，应尽可能使用选择性杀螨剂，以减少对天敌昆虫的杀伤，叶螨的天敌主要有食螨瓢虫类、蓟马类、草蛉类和捕食螨类等。

（2）化学防治重点抓好越冬卵孵化盛期和第1代幼螨发生盛期这两个防治适期。常用的农药有5%尼索朗乳油2000倍液、20%螨死净悬浮剂2500倍液(以上两种药剂为杀卵剂)、20%哒螨灵乳油3000倍液、5%霸螨灵乳油2000倍液等。

在越冬卵基数较大的果园，于苹果发芽前喷布99.1%的敌死生乳油或99%绿颖乳油或95%机油乳剂80倍液，消灭越冬卵，还可以兼治蚜虫。

# 梨虎象

梨虎象在我省兰州、白银、临夏等产区有发生。

### 1.危害症状

成虫啃食花丛、嫩枝皮层时，咬成大小不等的斑块，啃食幼果时、果面出现条状斑痕或坑洼。被害处变黑，成虫产卵时咬伤果柄，造成落果。成虫在果实上产卵时，用口器咬成孔洞，以后变黑。幼虫在果实内取食，被害果提早脱落。

### 2.形态特征

成虫体长12~14毫米，暗紫铜色，有光泽。头管较长，雄虫头管先端向下弯曲，雌虫头管较直。雌虫触角着生在中部，雄虫触角着生在端部1/3处。头、胸部及前翅背面密生刻点和短毛。前胸背面有"小"字形凹纹。

卵乳白色，椭圆形，长约1.5毫米，表面光滑，有光泽。

幼虫老熟幼虫体长约12毫米，体肥大，略向腹面弯曲，头小，缩入前胸内。体壁多皱纹。足退化。

裸蛹，长约8毫米，初期为乳白色，渐变为黄褐色。

### 3.发生规律

在我省约半数1年发生1代，以成虫在土里做蛹室内越冬，另半数为2年发生一代，先以幼虫在土内越冬，第二年夏秋

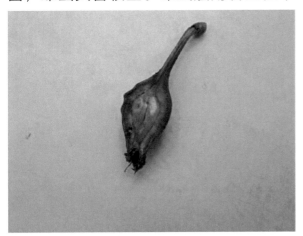

梨虎象卵

梨虎象成虫

**梨虎象为害果实状**

季羽化为成虫，不出土继续越冬，第三年春季出土。成虫发生期从5月上旬梨树开花时开始至7月下旬结束。成虫出土后在地面或爬至树上短枝处静伏，然后危害嫩芽、新梢和花朵。坐果后又为害幼果，成虫白天活动，有假死性。出土成虫取食1~2周后开始交尾产卵，产卵前先将果柄基部咬伤，然后转移到咬一小孔，产卵于小孔内，再分泌黏液封口。6月中旬至7月上中旬为产卵盛期。成虫产卵期达2个月左右。卵期6~8天。幼虫在果实内危害。老熟后脱果入土。入土后，一部分化蛹，蛹期33~62天，羽化为成虫做土室越冬；另一部分幼虫当年不化蛹直接越冬，翌年变为成虫越冬。

 **4. 防治要点**

（1）在成虫发生期，振树捕杀成虫。利用成虫产卵时咬伤果柄的习性，及时摘除被害果或捡取落地虫果，消灭幼虫。

（2）在成虫出土前地面喷药，杀死出土成虫，常用50%辛硫磷乳油300倍液~400倍液、25%对硫磷微胶囊剂200倍液~300倍液。

（3）在成虫发生期，喷洒20%氰戊·马拉松乳油1000倍液。

# 白星花金龟

白星花金龟又称白星金龟、白星花潜、白纹铜花金龟。在我省各产区均有发生。

## 1.危害症状

幼虫为害梨树幼苗，蚕食梨苗根系，造成枯死。成虫危害近成熟或有伤口的果实，也可危害花器和嫩叶。成虫将果实吃成空洞或食去大部分果肉，只剩果皮，有时1个果实上有几头成虫同时取食。

## 2.形态特征

成虫体长20~24毫米，黑色，有深绿色或紫色闪光。前胸背板、鞘翅上密布大小不等的白斑或白点，有时白斑连在一起成为较大的斑块。

卵椭圆形，乳白色。

幼虫称为蛴螬，体长35毫米左右，乳白色，身体弯曲，背部隆起，多皱纹。

蛹，裸蛹，体长约22毫米。

## 3.发生规律

1年发生1代，以幼虫在土中越冬。翌年春季化蛹，5月份出现成虫。早期出现的成虫取食果树的嫩叶，从6月份开始危害果实，尤以有伤口的果实受害严重，到7月中下旬梨果膨大后期，果肉变软，易被成虫危害，尤以具有香气的果实被害严重。成虫发生期很长，直到9月份仍有成虫活动。成虫对烂果汁有强烈趋性，产

幼虫为害梨苗枯死

白星花金龟幼虫

成虫为害果实

卵于土中。

 **4. 防治要点**

根据白星花金龟的发生规律，防治一方面幼虫(蛴螬)与成虫一样重要，主要以农业防治为主，化学防治为辅，多种措施配套，从而减轻和控制害虫为害。

（1）农业防治在深秋或初冬翻耕土地，能将幼虫暴露于地表，使其被冻死、风干或被天敌啄食、寄生等，消灭部分幼虫，避免施用未腐熟的厩肥，田间不堆放垃圾等。利用成虫假死习性，在成虫发生盛期，清晨或傍晚温度较低时震落捕杀。

（2）物理防治利用成虫的趋性诱杀在悬挂的容器内，放置腐烂的果实2~3个，加入少许糖蜜，挂于树干或高处，诱杀成虫；或用糖醋液诱杀，一般糖醋液的配比为水：醋：糖：酒的比例为9：6：3：1，倒入棕色广口瓶中挂在树干上或高处，每2~3天定时收集成虫；也在成虫发生盛期用黑光灯诱杀。

（3）化学防治在成虫发生期选用20%氰戊·马拉松乳油1000倍液或2.5%功夫乳油2000倍液喷雾防治。

# 茶翅蝽

茶翅蝽又称臭大姐、臭木蝽象。

 **1.危害症状**

茶翅蝽以成虫、若虫吸食果实、嫩梢、及叶的汁液，梨果被害，常形成疙瘩梨、果面凹凸不平，受害处变硬、果肉木栓化。

 **2.形态特征**

成虫略呈椭圆形，扁平，茶褐色。口器黑色，很长，先端可达第一腹板。

若虫初孵时若虫无翅，腹部背面有黑斑，后期若虫体渐变为黑色，形似成虫。

卵短圆筒形，周缘着生短小刺毛。初产时乳白色，近孵化时呈黑色，多为28粒排成卵块。

 **3.发生规律**

1年发生1代，以成虫在墙缝、石缝、草堆、树洞等场所越冬。一般在4月下旬开始出蛰，卵多产在叶片背面。7月中旬出现当年成虫，9月下旬至10月上旬陆续飞向越冬场所。

 **4.防治要点**

（1）人工防治。成虫越冬期进行捕捉灭虫，生长期应结合管理及时摘除卵块及群集的初孵若虫。在为害严重地区可以采

茶翅蝽成虫

茶翅蝽危害果实

用果实套袋防止茶翅蝽为害。

（2）药剂防治 6月上中旬茶翅蝽集中到梨园发生，此时为产卵前期，是防治的关键时期，可选药剂有20%氰戊菊酯或40%毒死蜱。应注意喷药细致周到。

# 麻皮蝽

又称臭大姐、黄斑蝽象。

 **1. 危害症状**

以成、若虫吸食叶、嫩梢及果实汁液，梨果被害，常形成呈凹凸不平的畸形果，俗称疙瘩梨，受害部位变硬下陷，近成熟的果实被害后，果肉变松，木栓化。

 **2. 形态特征**

成虫体长18~24.5毫米，宽8~11毫米，略呈棕黑色。头较长，单眼与复眼之间有黄白色小点，复眼黑色。

若虫初孵若虫近圆形，白色，有红色花纹。老熟若虫体长16~22毫米，红褐色，触角4节。腹背中部有3个暗色斑。

卵灰白色，鼓形，顶部有盖，周缘有刺。常排成块状。

 **3. 发生规律**

一年发生1代，以成虫在屋檐下墙缝、石缝、草丛、落叶中等处越冬。4月上旬开始出蛰，大量出蛰期在5月上中旬，5月下旬始见第一代卵，卵多产于叶背，卵期6~8天。7月上中旬出现成虫，危害至9月上旬，9月中下旬成虫向越冬场所飞去。在江西，越冬代成虫于3月底出蛰，4月下旬至7月中旬产卵，第一代若虫5月上旬至7月下旬发生，6月下旬至8月

麻皮蝽

麻皮蝽为害果实

上旬成虫羽化。第二代若虫发生期为7月下旬至9月上旬，成虫发生期为8月下旬至10月中旬，10月上旬至11月中旬成虫陆续越冬。成虫有假死性。

 **4.防治要点**

（1）加强植物检疫，防止带虫苗木引进新果园。

（2）在越冬成虫出蛰活动以前，清理果园内枯枝落叶、杂草，刮除老粗皮，封堵树洞，结合平整土地，消灭越冬成虫。

（3）在成虫、若虫危害期，利用其假死性，早晚进行人工振动树枝捕杀，成虫产卵前捕杀效果更好。

（4）为害严重的果园，在产卵前或危害前可采用果实套袋防治。

（5）药剂防治，越冬成虫出蛰完毕、若虫孵化盛期、卵高峰期全园喷药防治。可选药剂有20%杀灭菊酯乳油、20%氰戊菊酯、2.5%溴氰菊酯乳油。

梨

# 康氏粉蚧

康氏粉蚧又称桑粉蚧、梨粉蚧、李粉蚧。

 **1.危害症状**

若虫和雌成虫刺吸芽、叶、果实、枝叶及根部的汁液，嫩枝和根部受害常肿胀且易纵裂而枯死。幼果受害多成畸形果。果实被害，出现许多褐色圆形凹陷斑点，斑点木质化，其上附有白色蜡粉。排泄蜜露常引起煤病发生，影响光合作用。

 **2.形态特征**

成虫雌成虫椭圆形，较扁平，体长3~5毫米，粉红色，体被白色蜡粉，体缘俱17对白色蜡刺，腹部末端1对几乎与体长相等。触角多为8节。

卵椭圆形，浅橙黄色，卵囊白色絮状。

若虫椭圆形，局平，撤黄色，蛹淡紫色，长1.2毫米。

 **3.发生规律**

一般1年发生3代，以卵囊在树干及枝条的缝隙等处越冬，卵囊多分布于树皮裂缝等处。成虫和和虫多聚集在幼芽，嫩枝上危害。

 **4.防治要点**

（1）8月下旬，在树干上绑瓦楞纸诱虫带或束草把诱集成虫产卵，入冬后至发

套袋果为害状　　套袋果为害状

芽前取下草把烧毁消灭虫卵。

（2）在若虫分散转移期，分泌蜡粉形成介壳之前喷洒2.5%敌杀死或功夫乳油或20%灭扫利乳油、20%速灭杀丁乳油3000倍液~4000倍液、10%氯氰菊酯乳油1000倍液~2000倍液、50%马拉硫磷或杀螟松1000倍液，如用含油量0.3~0.5%柴油乳剂或黏土柴油乳剂混用，对已开始分泌蜡粉介壳的若虫害敢有很好杀伤作用，可延长防治适期提高防效。

# 梨二叉蚜

梨二叉蚜又称梨蚜、卷叶芽等。

 **1.危害症状**

梨二叉蚜只危害叶片，新梢顶端的叶片受害较重。被害叶向正面纵卷成管状，叶背面增生皱缩。蚜虫潜伏其中危害繁殖。以后蚜虫即使离去，卷叶也不能再展开。

 **2.形态特征**

成虫分有翅蚜和无翅蚜2种类型。无翅胎生雌蚜体长约2毫米，绿色或褐绿色，有时被白色蜡粉。腹管大，黑色。有翅胎生雌蚜体略小，长卵形，灰绿色。前翅中脉分2支。

卵椭圆形，初产时黄绿色，后变为黑色，有光泽。

若虫绿色，似无翅胎生雌蚜。

 **3.发生规律**

以卵在梨树芽腋、果苔和枝杈等的皱皮裂缝内越冬。翌年梨芽萌动时越冬卵开始孵化，初孵若虫群集于芽外露白处危害，待梨芽开绽时钻入芽内，展叶期又集中到嫩梢叶面。落花后15~20天开始出现有翅蚜，5~6月间大量迁飞离开梨园，转移到狗尾草和茅草上繁殖生长。9~10月末，有翅蚜由狗尾草迁移至梨树继续为害，出现性母。性母于10月中下旬产生性蚜，性蚜于11月上旬产卵越冬。以春

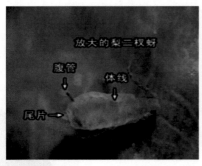

季为害最重，尤以4月下旬至5月为害最烈，造成大量卷叶，影响枝梢生长，引起早期落叶。

 4.防治要点

（1）人工防治：在蚜虫发生量大的年份，在梨树落花后大量卷叶初期，结合疏果，摘除被害嫩梢，可减少蚜虫在果园的传播。

（2）药剂防治：喷药关键时期是梨树萌芽期。此时大部分若虫已经孵化，多集中在芽上危害，虫体易接触药剂。常用药剂有10%吡虫啉可湿性粉剂3000倍液，50%抗蚜威可湿性粉剂2000倍液、3%啶虫脒。

# 绣线菊蚜

绣线菊蚜又称苹果黄蚜，在我省大部分梨产区均有分布。

 **1.危害症状**

若蚜和成蚜群集在新梢上和叶片背面刺吸汁液危害，被害叶向背面横卷。发生严重时，新梢叶片全部卷缩，生长受到严重影响。

 **2.形态特征**

成虫分有翅蚜和无翅蚜2种类型。无翅胎生雌蚜体黄色或黄绿色。头淡黑色，复眼黑色，额瘤不明显，触角丝状。腹管略呈圆筒形，端部渐细，腹管和尾片均为黑色。有翅胎生雌蚜体近纺锤形。头、胸部黑色，头顶上的额瘤不明显，口器黑色，复眼暗红色，触角丝状。腹部绿色或淡绿色，身体两侧有黑斑。2对翅透明。腹管和尾片均为黑色。

卵椭圆形，长约0.5毫米。初期为淡……与光泽。

……、触角、足和腹……腹管短。有翅若……胸部两侧长出翅……

……余代，以卵在果……皮缝隙内越冬。

绣线菊蚜为害梨树新梢

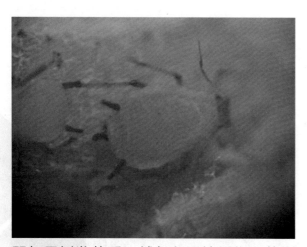

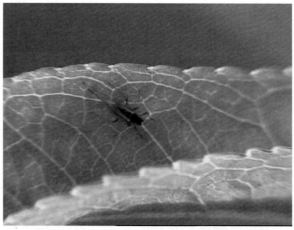

翌年果树发芽后，越冬卵开始孵化，若蚜先在芽和幼叶上危害，叶片长大后，蚜虫集中在叶片背面和嫩梢上刺吸汁液。到5~6月份已繁殖成较大的群体。从6月份开始产生有翅胎生峨蚜，迁飞至杂草上危害繁殖。到7月下旬雨季到来时，在果树上几乎见不到蚜虫。到10月份，在杂草上生长繁殖的蚜虫产生有翅蚜，迁飞到果树上，经雌雄交配后产卵越冬。

 **4.防治要点**

（1）保护天敌：绣线菊蚜的天敌很多，主要有瓢虫、草蛉、食蚜蝇、寄生蜂等。

（2）药剂防治：在梨树发芽前，喷布99.1%敌死生乳油或99%绿颖乳油(机油乳剂)100倍液，以消灭越冬卵。在果树生长期，防治的关键时期应在蚜虫大发生前期。常用药剂有10%吡虫啉可湿性粉剂3000倍液，3%啶虫脒乳油2000倍液，99%绿颖乳油200倍液~300倍液。